献给

人间清醒的

你

人间清醒
底层逻辑和顶层认知

水木然 ◎ 著

浙江人民出版社

世界上最大的监狱,是人的思维。

我们都活在自己的思维框架里,总是习惯于用固化的逻辑进行思考,这就是思维定式。

世界上最大的牢笼,是人的认知。

我们总把自己的认知边界当成世界的边界,于是目光所到之处皆是围墙,自己把自己终身囚禁,这就是坐井观天。

世界上最大的设限,是自我设限。

真正限制我们成长和进步的,不是找不到答案,而是满脑子标准答案;不是"我不知道",而是"我知道"。

发现自己的无知,需要相当程度的认知。

人生最大的幸运,是遇到一个人或者一本书,能彻底打开我们的认知局限。以全新开放的眼光审视自己和世界,很多问题就豁然开朗了。就像拨开乌云见天日,让你刹那间看透万物真谛和人生真相,妙不可言。

这就是本书的意义。

第一章
真相本质

004　底层逻辑　底层逻辑，决定了一个人的思维模型，决定了一个人的行为特点，决定了一个人的能力结构，甚至决定了一个人的命运。

030　人生曲线　读懂人生成长曲线图，就能深刻洞见社会的真相。

044　价值规律　未来得到一件好东西（机会、职位、工具）的最好方式，就是让自己通过努力配得上它。

056　底层规律　世界越来越变幻莫测，不确定性越来越强，但是无论怎么发展和变化，其底层规律不会变。

第二章
认知觉醒

094　认知要素　未来一切的竞争，其实都是抢占"认知高地"的竞争，而一个人的生活方式决定了他的认知水平。

139　幸存者偏差　世界上所有成功的背后都有运气成分，很多成功都是偶然，而不是必然，但是一次偶尔的成功却可以包装成各种传奇故事不断地贩卖。

148　借假修真　千万不要执着于各种事物的表象，这就是《金刚经》里一直强调的"应无所住而生其心"。

160　两套秩序　凡事必须分为阴阳两个对立面，社会也有两套秩序维持着它的运转。

第三章
关系界限

186	内 观	人一旦清楚了内心的阻碍,就能超越现在的自己,成为更好的自己。
215	独 立	强大的人都成了完整而独立的个体。一个人只有实现了人格独立和经济独立,才有资格谈爱情、亲情、友情。
229	真 爱	真爱只发生在两个成熟又独立的个体之间。

第四章
商业逻辑

248　熵增定律　　人的价值就是为了使各种系统不断地从"无序"变成"有序"。"有序性"就是世界上一切生命力和效能的本源。

259　商业趋势　　《国富论》里有个观点：利润降低不是商业衰退的结果，恰恰相反，这是商业繁荣的必然结果。

284　七大法则　　宇宙本身就像一个程序，它有自己的运行秩序，生生不息、井然有序。

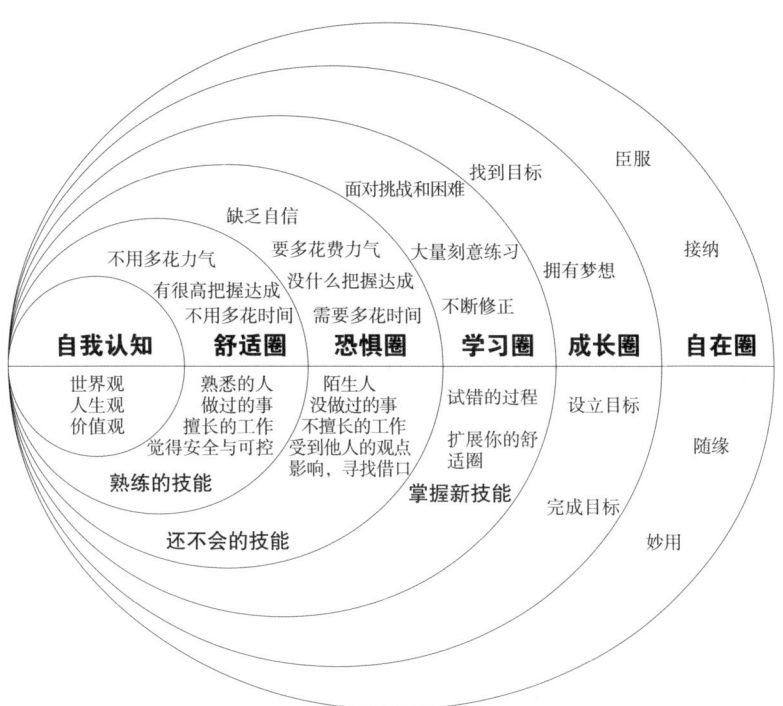

人生，就是一个不断突破认知的过程

第一章

真相本质

底层逻辑

　　底层逻辑，决定了一个人的思维模型，决定了一个人的行为特点，决定了一个人的能力结构，甚至决定了一个人的命运。

真相本质

底层逻辑就是事物运作的基本规律

人和人最大的不同,是"底层逻辑"的不同。

底层逻辑,能决定一个人的思维模型、行为特点、能力结构,甚至能决定一个人的命运。

巴菲特说,要想彻底了解这个世界,有一个好办法:先把本领域的事情研究透,挖出其中的"底层逻辑",只要你能做到这一步,就很容易搞定其他领域的事。

巴菲特这句话的意思是,如果你依然无法参透世界,那是因为你对自己的领域悟得还不够透。只要你能挖掘到本领域的"底层逻辑",你就可以窥见整个世界的真相。

底层逻辑就是事物运作的基本规律,类似孔子说的那个"礼",老子说的那个"道",佛祖说的那个"智慧"。儒释道三家讲的全是底层逻辑,这就是它们的伟大之处。

世界上每个领域都有自己的专业知识,这大千世界的知识林林总总,但是这些领域的底层逻辑都是相通的,事物越深挖,越接近底层,而且道理越简单,因为底层逻辑就是"规律",规律是不分行业的,它是一通百通的。

请记住,无论你在多么传统的行业,只要你能把本行业的底层逻辑搞懂了,就能看穿其他很多行业。知识和技能分领域,但规律和本质是不分领域的。

一旦掌握了世界的"底层规律",就可以由一滴水看到整片大海,由一棵树看到整个森林,由一粒沙子看到整个沙漠。一旦你拥有了这种能力,就可以一眼看穿各种事物的本质,可以在各个领域间自由穿梭。

学好基础学科打好底层基础

如今人们越来越迷恋那些听上去"高大上"的专业，比如高考的学生都希望填报金融、经济、管理、营销这类专业；而创业的企业家喜欢研究战略、股权、商业模式等专业。

而实际上，这些越是看起来最有用、最容易赚大钱的学科，往往也都是最"无用"的。因为这些学科都只不过是"底层逻辑"的外部表现，里面的内容和概念看起来"高大上"，把大家绕得云里雾里，其实都是基本规律的演绎。新鲜概念层出不穷，一年一个变化，掌握再多的概念都不如掌握本质和规律。

那些越是看起来"无用"的学科，比如历史、哲学、数学、自然科学等基础学科，越能让人提升，因为它们讲的是人性和社会的"底层逻辑"。只有把底层基础打好了，才能建立"高大上"的上层建筑，我们才能瞬间看到本质，抓住要点，以不变应万变。

因此，我们平时在学习的时候，千万不能只读那些实用的工具书，而是要深入研究数学、物理、生物、历史等基础学科，把里面的基本知识学扎实了，自然就能看透社会上那些虚头巴脑的概念，就能抓住本质和精髓。这就是任正非强调基础学科重要性的原因。

没有一门基础学科是多余的：数学锻炼你的逻辑，让你把事情想清楚；语文陶冶你的情操，让你把事情表达清楚；化学让你学会看微观；历史让你看懂规律；地理提升你的宏观思维……

唯有掌握了这些底层逻辑，才能以不变应万变，才能拨开纷乱复杂的概念，直击本质和要害。

底层逻辑和思维模型之间的关系

一个人掌握了"底层逻辑"的表现,就是"思维模型"变得开放和健康。

有句话说:如果没有深度思考,所有的努力都是无效的。同样的逻辑:如果没有健康的思维模型,所有的深度思考都是无效的。

最健康的思维模型,就是四个字——辩证思考。什么是辩证思考呢?来看下面这张图:

太极图

真正的高手,他的思维模型都像太极图一样。这其中的"一阴一阳"指的是:他们非常善于抓住事物的两大矛盾,同时又能找到这两大矛盾的对立和统一的关系。举几个例子：

什么叫爱？

就是用对方需要的方式表达你的好，而不是用自认为好的方式强加于人。

什么叫沟通？

就是用对方的语言讲述你的道理，而不是用自己的语言讲述自己的道理。

什么叫辩论？

就是用对方的逻辑证明你的观点，而不是用自己的逻辑证明自己的观点。

什么叫销售？

就是让客户觉得他占了你的便宜，而不是把自认为便宜的东西卖给客户。

什么叫好感？

就是让别人觉得他在你眼中有多么优秀，而不是自己证明自己有多优秀。

什么叫理解？

就是用对方的立场看待自己的观点，而不是站在自己的立场强调自我感受。

真正的高手，在任何时候都善于洞察对方，比如对方的需要、对方的语言、对方的逻辑、对方的感受、对方的优点、对方的立场等。把"自己的价值"和"对方的需要"结合在一起,把"自己的道理"和"对方的语言"结合在一起,把"自己的观点"和"对方的逻辑"结合在一起……这就是阴与阳的结合,就符合"一阴一阳之谓道"的定义,符合辩证法了。

如果我们生硬地把两个阳或者两个阴结合在一起,就不符合辩证思考了。比如你跟人沟通的时候,只站在你的立场说自己的道理,这叫自说自话;在社交的时候,拼命证明自己多么优秀,只能引起别人的戒备……这就没有了阴和阳的对立和统一。孤阴不生,孤阳不长,这就不符合辩证思考了。

世界上的事物都处于阴与阳的不断转化中,中国人最了不起的地方,就是学会了辩证思考。比如"否极泰来,苦尽甘来",比如"居安思危,居危思安",比如"祸兮福之所倚,福兮祸之所伏",比如"塞翁失马,焉知非福"……

"弃道求术"

为什么现在人越来越迷茫,而且总是被各种套路收割?

因为人们都在"弃道求术"。

什么是术?

方法,技巧,技术,叫术。

什么是道?

本质,原理,规律,叫道。

"术"是教你怎么干。

"道"是告诉你为什么要这么干。

所谓"万变不离其宗",这里的万变是术,宗就是道。

获取知识的能力远比知识本身更重要

底层逻辑强大的表现,就是不再被知识束缚,而是可以超越知识。

李小龙在练习截拳道时这样感悟:所学到的东西,也就意味着所失去的东西。你所掌握的知识和技巧,都应该被遗忘。学习很重要,但不要成为其奴隶,不要试图依靠外在的东西和技巧。只有消除了对知识和技能的依赖,你才可能成为知识和技能的主人,才能保持最佳的身心状态:虚空,流动。

帮助一个人的最好方式,就是打开他的思维枷锁,突破他的认知枷锁,给他启示,让他自己找到答案,而不是直接告诉他答案。授人以鱼,不如授人以渔。直接给对方答案,相当于剥夺了对方思考的权利,一个人如果习惯于找别人要答案,而不是自己思考答案,久而久之就会变成一个不会思考的人。

凡是直接告诉你方法、技能、答案的老师、书籍、课堂,都是平庸的。平庸的课堂,是老师不断地给学生答案,让学生不用再思考。优秀的课堂,是老师不断地问学生问题,让学生给老师答案，从而锻炼学生的独立思考能力。

很多人懒得动脑去思考，总是企图从别人或外界那里找到方法，就像去求一把万能钥匙，让自己不用思考（成长），躺着不动就能解决所有问题，这就是典型的找捷径、偷懒。

方法是认知提升到一定阶段之后自己悟出来的，是靠执行和实践逐渐摸索出来的，无论多么高明的老师或者成功人士，他们最多只能给你一个启示，真正的方法必须靠你自己去悟。

我们要努力掌握更多知识和技能，但到最后我们一定要把这些都忘掉。

《金刚经》里说："一切有为法，如梦幻泡影，如露亦如电，应作如是观。"意思是：所有被写出来的方法，都像梦幻泡影一样，并不是永远都会成立，是可以随时破灭的。我们应该洞察它的本质，而不是执迷于方法本身，即不要执着于各种表象。我们要掌握本质和规律，也就是那个"道"。

《道德经》开篇就说：道可道，非常道。意思是：没有人能把成功的方法真正地表达出来，即便他很想表达，但是只要他表达出来了，那些方法就不成立了。

而这些方法和技巧，恰恰是我们大多数人每天都在追求的。唯有抓住底层规律，一切表象在你面前就像梦幻泡影。你对万事万物，就会洞若观火。

真相本质

一个人要想变得非凡的三个步骤

第一步,承认自己的平凡。

第二步,寻找内心的安静。

第三步,发现自己的不凡。

但是绝大多数人都过不了第一关,他们几乎个个自命不凡。如果一个人不能承认自己的平凡,就无法发现自己的非凡。

同样的道理,父母要接纳孩子的平凡,才能发现孩子的非凡。这简直就是上帝造人最公平的逻辑。

智慧的三层境界

第一层,发现别人的无知。

世界上的芸芸众生,多是泛泛之辈,他们嬉笑怒骂,贪嗔痴念,执迷不悟,自以为是。

要想发现大众的无知,需要对人性有深层次的觉察。

第二层,发现自己的无知。

发现别人的无知,只是初等层次的智慧。发现自己的无知,则需要相当程度的认知。

承认自己的无知,不仅需要更大的智慧,还需要巨大的勇气。

一个人知道得越多,未知的世界就越大。这种人永远都把自己当成井底之蛙,每天都在仰望星空,期待能够突破自己的认知局限。

正如苏格拉底所说:我唯一知道的,就是我一无所知。

第三层境界,跟无知和谐相处。

发现别人和自己的无知,确实是很大的智慧,但是这种智慧也是一个人最大的枷锁。能否冲破这道枷锁,是一个人能否幸福生活的关键。

很多人到了这一步就恃才傲物，总想远离世俗。其实世界上最大的智慧，不是发现无知，而是兼容无知。

所谓兼容，就是随时降维。遇到任何人，都能跟他畅通沟通，和谐相处。

这就是"大我无我"。因为无我，才没有了"我执"，才远离了人间痛苦。

两个途径看清世界真相

一个人要想看清世界的真相,只有两个途径:

第一,足够聪明。

第二,足够善良。

当一个人足够聪明,他在面对大千世界时就能保持理智和冷静,就能透过各种信息看穿世界上的各种局,从而不被操控。

当一个人足够善良,他在面对别人痛苦时就能感同身受,对弱者有着天然的同情,从而也能体验到真实的世界。

两者的区别在于:聪明是一种天赋,是先天的,往往是我们无法改变的。善良是一种选择,是后天的,是我们随时可以做出的抉择,哪怕是一念之间。

关键问题在于:善良其实比聪明更难,毕竟天赋与生俱来,对有些人来说是信手拈来的,而善良的选择需要抵抗各种诱惑。

如果一不小心,你还可能被天赋所诱惑,从而影响到你做出的选择。世界上只有极少数天才有"聪明"这种天赋,作为一个普通人,我们看到真相的可靠路径就是通过"善良"。

临渊羡鱼，不如退而结网

如今钱越来越不好赚了，大家都在寻找出路，最令人痛心的是：我们宁可把精力都花在寻找新的捷径上，也不愿意花在提升自己上；我们宁可把聪明都花在玩新花样上，也不愿意花在改进产品、服务的质量上。直播带货、社交电商、短视频等，都是在变着花样卖货，却很少有人愿意沉下心来做产品，更少有人愿意沉淀下来去学习。其实越是这样，大家越赚不到钱，这也是社会发展的必然。

上帝为什么惩罚渔夫一直捕不到鱼？因为只有让他们彻底捕不到鱼的时候，他们才会退而结网。

为什么大家现在越来越浮躁，又赚不到钱？因为之前的发展模式太野蛮了，都是那些没有文化只有胆识的人在发财。

猫吃到了鱼，从此对腥味念念不忘；贼偷到了钱，自然就会滋长不劳而获的侥幸心理！

如何获得最高的幸福感

一个人的实力结构如何设计,才能获得最高的幸福感?

认知最高,能力其次,财富再次之,欲望最小,这是幸福感最高的结构组合。

而绝大部分人的实力结构都搞反了:欲望最高,财富次之,能力再次之,认知最低。所以才痛苦无比,每天焦躁不堪。

安慰一个人最好的办法

有些时候，安慰一个人最好的办法，是告诉他：其实我比你还惨。

千万不要一个劲地讲大道理，这只会让对方觉得自己真的很惨。

当一个人来求安慰的时候，其实是在变相问你：我真的很惨吗？

这时你只要让对方明白两件事：

第一，活着就很不容易，你看身边哪个人不苦？

第二，我的光鲜只是外表，我其实比你苦多了。

这时他反而会释然了。

如果你用同情的语气安慰他说：明天会好起来的，你也会跟大家一样好的。他只会更加伤心，因为这只能证明自己的失败。

这就是人性，我可以很失败，但是我不能承认自己的失败，我要看到的是：大家其实都很失败，这样才会心安理得。

原来世界上有那么多比自己还惨的人，我还有什么可以伤心的？我应该暗自庆幸才对。

总之，不是每一个失败者都值得怜悯和同情，不是每一个失败者都愿意面对真相，他们宁可自欺欺人，生活在自我安慰里。

免费的才是最贵的

互联网公司为什么要先烧钱做补贴？就是先让消费者占小便宜，等消费者离不开平台的时候，也就是垄断市场的时候，再让你加倍偿还。

为什么很多产品亏本都卖？为什么免费的才是最贵的？为什么要利润后延？都是这个原因。

我们所占的每一分便宜，总有一天会加倍偿还。

同事之间，朋友之间，合作伙伴之间，都遵循这个逻辑。

真相本质

做个好人

谁比你更了解你自己?淘宝知道你想买什么,微信知道你在聊什么,抖音知道你在看什么,美团知道你想吃什么,百度知道你在搜什么,滴滴知道你想去哪里……

未来也许我们每个人都是透明的:每一天每一个行为全都被精准记录,你去了什么地方,做了什么事,结交了哪些人,一年收入有多少,缴纳了多少税,有没有不合法收入等,我们所有财富的来龙去脉都一清二楚。

我们能做的,就是做个好人。

光明磊落,是每个人最好的通行证。

洗脑和教育的区别

如果你去一个场合,那里充斥着令人激动的音乐和灯光,学员们个个手舞足蹈,嘴里喊着同样的口号,做着同样的动作,这些人都在进行身体上的狂欢,大脑早就停止了思考。大脑被操控,就是被洗脑。

如果你去一个场合,里面特别安静,除了对话之外再也没有其他声音,人们个个都很安静,表情各异,这些人外表虽然冷静,但是大脑都在高速运转,每个人都在找自己的答案。自己在思考,就是在学习。

洗脑的本质,就是用肢体上的狂欢去代替大脑的懒惰。

教育的本质,就是让一切都停止下来给大脑思考的空间。

洗脑,是通过各种干扰,不让大家思考。

教育,是通过彼此帮助,启发大家思考。

洗脑,让人盲从,成为别人的工具。

教育,让人思考,成为自己的主人。

赚钱和值钱的区别

会赚钱,不如让自己更值钱。

赚钱是外求的结果,值钱是内求的结果。

赚钱是你求钱,值钱是钱求你。

举个例子:

大部分人每天都在砍柴,却从来不磨刀。

砍柴就是外求,磨刀就是内求。

富人和穷人有什么区别呢?

富人至少花 80% 的精力去磨刀,然后只需要花 20% 的精力去砍柴。

他们不鸣则已,一鸣惊人。

而穷人基本上把 100% 的精力都用在了砍柴上,他们每天都只盯着眼前的小便宜,却从不想如何提升自己的能力。

"得道"

钱的背后是:产品和服务。把产品和服务做到极致,钱自然就来了。

产品和服务的背后是:心性。人有了匠心和耐心,自然就能做出极致的产品。

心性的背后是:修为。人修到了一定程度,自然就会踏实上进,品行端正。

修为的背后是:道。人参透了万物变化的本质和规律,自然就会"得道"。

真相本质

确定性

人的安全感和幸福感，往往来源于确定性，但是世界的不确定性越来越强。

然而，对自己的确定性，可以抵抗外界的不确定性。

什么叫对自己的确定性呢？

比如：你确定自己能干好哪些事吗？你确定自己干不好哪些事吗？这是对自己能力边界的确定。

你能确定自己知道哪些事吗？你能确定自己不知道哪些事吗？这是对自己认知的确定。

你能确定自己的特长是什么吗？你能确定自己的短板是什么吗？这是对自己天赋的确定。

你能确定哪些才是你最想要的吗？这是对自己目标的确定。

你能确定成为一个什么样的人吗？这是对自己定位的确定。

你能确定自己现在处于什么阶段吗？这是对自己当下状态的确定。

你能确定自己适合跟什么样的人在一起吗？这是对自己性情的确定。

我们对自己越确定，就越不用担心世界的不确定性。

自欺欺人

很多人都在问：做一个好人，或者凭良心做事，到底能赚到钱吗？

凡是发出这种疑问的人，基本上一直不太成功。

其实，人之所以不成功往往是智慧的问题，然而太多人喜欢把"智慧"的问题，归结到了"良心"上。

这就是基本归因错误：明明是因为自己"没有智慧"，却总是怀疑自己是不是"太善良"了，这是很多人常犯的低级错误。因为"太善良"听上去比"没有智慧"好听多了。

这就是人性的基本属性：哪怕是失败了，也要给自己找一个冠冕堂皇的理由，让自己看上去不至于那么失败：至少我还是一个善良的人。

这就是自欺欺人：宁可去证明别人的成功是靠不择手段；也不愿意审视自己失败的真正原因。

推己及人

作为一名家长,当你不再是带领孩子成长,而是能从孩子身上悟出自己需要成长的时候,真正的教育才刚刚开始;孩子让你最头疼的地方,恰恰是你最需要疗愈的地方。

作为一名老师,当你不再告诉学生答案,而是激发学生思考,然后让学生告诉你答案的时候,真正的课堂才刚刚开始。切记:从来没有愚蠢的问题,只有愚蠢的回答。

作为一个老板,当你不再为了自己赚钱,而是努力让员工过上好日子的时候,真正的管理才刚刚开始。

作为一个商人,当你不再为了追求利润,而是为了帮助客户解决问题的时候,你的生意才刚刚开始。

人生曲线

读懂人生成长曲线图,就能深刻洞见社会的真相。

● ○○○ 真相本质

解读人生成长曲线

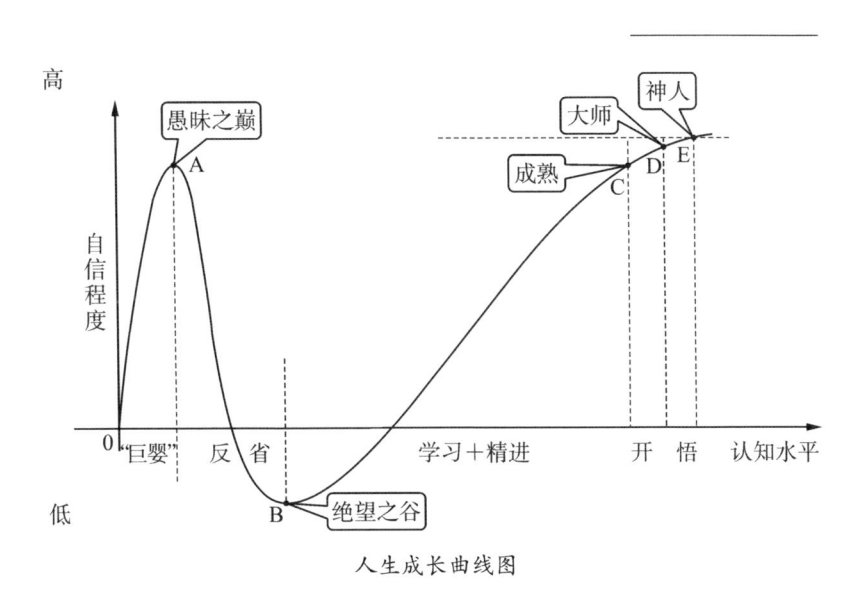

人生成长曲线图

上面这张图是人生成长曲线图，看懂这张图，就能深刻洞见社会的真相。

它把商业、爱情、管理等的本质呈现得一览无余。

接下来，我们就来详细解读一下这张图：

横坐标代表一个人的认知水平，纵坐标代表一个人的自信程度。它把人分成了三大类型。

第一类人，介于 0 到 A 之间，他们数量较多。

这种人看起来已经是成年人了，但是心理还停留在婴儿的阶段，也可以说是"巨婴"。他们每天都需要心理安慰，活在假象里，自以为是，最终屹立在"愚昧之巅"。

站在愚昧的巅峰，他们更加目无他人，时刻以自我为中心，逢人就证明自己，滔滔不绝，口若悬河，喜欢被夸奖和赞美。

他们看起来很"自信"，但是这种自信不堪一击，因为他们最怕被人质疑，一旦被质疑就会被激怒。这不叫自信，这叫"无知者无畏"。

当然，他们可能已经取得了一定的"成就"，甚至是年少成名，但是这种成就往往是因为运气，而不是因为实力。也正是因为运气带来的成就，让他们更加看不清自己和世界的真相。

这种人总有一天会因为得意忘形而遭遇重大挫折，比如被人背叛、战略失误、投资失利等，爬得越高，摔得越狠，他们会一下子从巅峰摔到谷底。也就是图中的 B 点：绝望之谷。

这就是第二类人，就是指那些因为看不清真相而遭受现实的巨大打击，并且开始重新审视自己和世界的人。

人到了 B 点后只有两个出路。第一个出路是从此一蹶不振，再也没有爬起来，并开始愤世嫉俗，一辈子都活在失败的阴影里。

第二个出路就是开始痛定思痛，反思自己为什么会跌倒，总结教训后重新站起来，这种人拥有跌落谷底而反弹的能力，他们拍一拍身上的泥土，再次踏上人生的征程。

他们不再好大喜功，开始脚踏实地前行，从 B 点开始，一点点往上爬坡。他们一边学习，一边践行；实事求是地看待周围的一切，一边提升认知，一边用认知指导自己的行为。

在这一类人里，又会有一小部分人经历艰难险阻，攀登到了C点的位置，于是第三类人诞生了。

这一类人经历了人生的波折，然后又通过日积月累的刻苦修行，终于成为一个成熟的人。

此时的他们淡定又从容，对世事的规律了然于胸，对人性的善恶洞若观火，且终于看清了世界和人生的真相。

只有极少数人才能抵达C点，也就是说：只有极少数人才能看到真相。

他们抵达C点后，依然在往上爬坡，目的是为了无限接近最上面那条曲线，那条曲线就是人类的极限，代表着真理。

有意思的是：人越往上爬，越发现自己的无知。苏格拉底说：我唯一知道的，就是我一无所知。因为你知道得越多，就发现自己知道得越少，越觉得自己太渺小，也就会越谦卑。

从A到B再到C，就是一个人的心智逐渐成熟的过程。

世界上较多的人都在0到A之间，这就是第一类人；

其中一小部分人经历了挫折后重启人生，然后一点点爬坡，这就是第二类人；

只有极少数人能爬到C处，领略人间真正的风光，这就是第三类人。

爱情的本质

先来思考一个问题：

为什么世界上的真爱那么少？

真爱只发生在两个圆满且成熟的个体之间，也就是只有两个C（第三类人）相遇的时候，才能产生真正的爱情。

为什么呢？因为只有当一个人实现了自我圆满，完全做到了爱自己，爱满则溢，然后才能真正地对别人好，才能做到"利他"，才能学会爱别人，爱世界。

比如第一类人，内心就是残缺的，匮乏的，他们怎么可能去爱别人？很多人在刚开始相爱的时候，口口声声说爱你，但是到了一定阶段往往会要求你做这做那，或者明令禁止你不能去做什么，生怕你不受他控制，这就是内心匮乏的表现。

这也是"巨婴"的最大心理特征。由于他们的内心是残缺的，所以很容易对别人产生依赖，然后他们又很容易把这种依赖当成是"爱"。

世上不少的爱情是两个残缺个体（第一类人）的摩擦与碰撞，

然后产生的爱恨情仇。他们张嘴闭嘴都是"爱",卿卿我我都是"情",其实只不过是两个"巨婴"之间的相生相克,最后注定是一场悲剧。

这种悲情的关系不仅体现在男女关系中,也广泛地存在于人类的一切关系中,比如友情、亲子、职场等,把"依赖"当成"爱"是人们最大的执念。

世界上所有好的关系,只发生在成熟的个体(第三类人)之间,爱情、友情、亲情、合作都是如此。

所谓成熟的个体,也就是实现了三种独立:财富独立、人格独立、精神独立。

第一种人要想跟他人构建健康的社会关系,必须先完成一个任务:让自己走向成熟。当关系的双方有一方不成熟,就需要另一方去担待,这是依赖型的关系。当双方都不成熟,那就是互相伤害。

一个人无法独立,就会本能地依赖和寻找别人。当遇到了自己可以依赖的那个人,就认为自己的幸福有归属了,这就是典型的外求。

看看第一类人的行为特征吧:他们没办法给自己安全感、存在感、幸福感,所以严重依赖外界和别人,需要通过别人给自己带来这些感觉。

要知道世界上没有任何人是为你而生的,如果对方一直在付出和照顾，总有一天会感到心累，他可以照顾你三五天甚至三五年，但是不可能照顾你一辈子。

很多人受伤之后满大街哭喊，却始终不明白一个道理：人在不成熟之前，建立的一切关系都是错的，每个人都将为自己的不成熟埋单。

看看那些"巨婴"，他们口口声声都是爱，其实是把占有当爱情，把索取当成长，把依赖当互助，他们总是在向外求，从不自我审视，其实是打着爱的名义自相残杀。人间无数的悲剧，都是由此引发的。

既然真爱只发生在两个成熟的个体之间，而在芸芸众生之中真正成熟又独立的人是极少数，那他们相遇的概率更低，这就是真爱如此稀缺的原因。

如何对待这三类人

这三类人有不同的表现行为。

《道德经》里说：上士闻道，勤而行之；中士闻道，若存若亡；下士闻道，大笑之。不笑不足以为道。

意思是：第三类人听见真理后，马上去践行；第二类人听见真理后，思考一下是真还是假；第一类人听见真理后，哈哈大笑，说这简直就是笑话。

反过来，也就是说：如果你讲的道理，不能让第一类人听完后哈哈大笑，都不是真正的道理。

对待第一类人，最好的办法就是用"情绪"。投其所好，不断地去迎合他们的需求，他们就会如飞蛾扑火般涌来，义无反顾地追随你。

对待第二类人，最好的办法就是用"道理"。他们都有一定的独立思考能力，不仅让他们知其然，还要让他们知其所以然，对他们晓之以理，动之以情，才能为你所用。

对待第三类人，最好的办法就是用"忠诚"。对这类人"投其所好"是没有用的，否则他们就不是第三类人了。我们只要对他们无条件地相信和跟随即可。

有意思的是：凡是自称为第三类人的人，往往都是第一类人。因为真正的第三类人，从来都把自己放在谷底。他们明白只有时刻把自己放在最低，才能更好地成长。而很多第一类人为了赚钱，就把自己装扮成大师（第三类人），然后去迷惑第一类人。因此那些自称"大师"的人，往往都是江湖骗子。

《易经》六十四卦中唯一一个没有任何害处的卦象就是"谦卦"。"谦卦"就是绝望之谷，也就是说永远把自己放在最低的位置，仰望每一个人。这样做百利而无一害。

《圣经》说：你们每个人都有罪。因为每个人生下来就是一个"巨婴"，当然是有原罪的。

佛祖说：众生皆苦。因为每个人都有贪嗔痴的状态，必须经过刻苦修行才能走向开悟，抵达人生的彼岸。

道家说：我们这些人都是迷人（迷途中的人），必须经过修行，抓住世界的规律，也就是"得道"，才能成为真人。

佛家讲"空"，"色即是空，空即是色"。道家讲"无"，"致虚极，守静笃，万物并作，吾以观其"。这些都是在教导我们：人生最好的状态就是把自己清空，破除内心的偏见和执念，这时整个人就像一个超导体，高维能量才会流进来。

神 人

下面思考一个问题：

既然只有极少数人能成为成熟的人，那么沿着这条开悟之坡继续攀爬，再往上提升会变成什么样的人？

当然，这条路越往后越难攀登，就好比一个作品（产品）从0到99分可以靠时间和精力完成，但是从99分到99.9分，乃至到99.99分的那部分，只能靠一个人的热情和天赋才能完成。

因此，这条路越往后人越少。如果一个人能继续提升到了D点，那么就可以成为一个真正的大师。

如果一个人还能继续提升，一旦超越了那条虚线，来到了E点，就超越了人的范畴，成为一个神人。

这样的人虽然少之又少，但是也存在。毕竟人类有史以来至少有三个人超越了那条虚线，他们分别是：释迦牟尼、老子和耶稣。

人生的三种境界

第一种境界:看山是山。昨夜西风凋碧树,独上高楼,望尽天涯路。这是一个人踌躇满志,得意洋洋的样子。

第二种境界:看山不是山。衣带渐宽终不悔,为伊消得人憔悴。这是一个人经历挫折之后的反思状态。

第三种境界:看山还是山。众里寻他千百度,蓦然回首,那人却在灯火阑珊处。这是一个人刻苦修行之后的结果,体现了一种超然的心境。

宠辱不惊,看庭前花开花落;去留无意,望天上云卷云舒。

不要盲目叫醒一个沉睡的人

世界上很多人都是迷惘的"巨婴",昏睡麻木。只有少数人的头脑是清醒、理智的。

这世界始终被那少数人拨着走,然后其余的人总在酣睡。每次等酣睡的人一觉醒来,发现世界全都变了。

这大多数人,从来不是被唤醒的,而是被自己痛醒的。在他毫无痛感之前你若去唤醒他,他一定认为是你有问题。

一个人的觉醒,1%靠别人提醒,99%靠社会的千刀万剐。因此,你永远叫不醒一个装睡的人。

即便你再唤醒他,他是否愿意醒还是个问题。因为他们活着就是为了睡得更香,而不是为了觉醒。

一个人需要多大的福德,才能被唤醒,从而清醒地活着?

他们得有多大的勇气和智慧,才会在觉醒过程中不会因为自我被挫伤而跑开?

你又背负了多大的使命,拥有多大的能量,才敢去唤醒这些沉睡的人?即便你有再大的能力,也不可能魔法棒一挥,就让他开悟了。

最窝囊的人的特点

你见过最窝囊的人,都是什么样的?

他们往往有以下特点:

他们只是身体到了成年,内心却还是婴儿,嗷嗷待哺。

他们放弃成长,追求捷径和诀窍,迷信成功学和鸡汤。

他们听不进任何道理,却只想得到好处和利益。

他们抵触一切变化,渴望安逸、躺赚。

他们想同时做很多事,却又想立即看到效果。

他们的欲望远远大于能力,又极度缺乏耐心。

他们把一切责任都推给环境和外界,怨天尤人。

他们整日为现状焦虑,却没有毅力去改变自己。

他们最大的痛苦,是因为看到别人成功而痛苦。

他们需要不断地被认可和夸奖,从而获得存在感。

他们经常脑子一热去学习,却只能保持三分钟热度。

他们动不动就责怪身边人不够好,却从不反思自己。

他们整天渴望得到运气的垂青,却不去提升自己的能力。

他们从来不主动思考，却总是企图向外界找方法。

他们宁可沉溺于美丽的谎言，也不愿意面对残酷的现实。

他们只能看到眼前的小利益，却从不想打开"思维的牢笼"。

他们不停地刷短视频、看直播，来缓解自己的焦虑情绪。

他们一有时间就对着屏幕玩游戏，却嘱咐孩子好好学习。

他们还没经历过世事的沧桑，却已消磨掉了少年的勇气。

他们尚未拥有百毒不侵的内心，却已丧失热泪盈眶的能力。

价值规律

来得到一件好东西（机会、职位、工具）的最好方式，就是让自己通过努力配得上它。

真相本质

科斯定理

先来看一个场景：

酒吧里，一个美丽又大方的美女在独自饮酒，有三个男士同时看上了她：

A男士很优秀，但不懂追女生的套路。

B男士条件中等，但是非常刻苦努力。

C男士条件最差，但精通追女生的技巧。

他们三个都想娶她，请问美女最后嫁给了谁？

在思考这个问题之前，我们先看一个著名的科斯定理（由诺贝尔经济学奖得主罗哈德·哈里·科斯命名）：只要产权是明确的，并且交易成本为零或者很小，一项有价值的资源，不管从一开始它的产权属于谁，最后这项资源都会流动到能使它价值最大化的人手里去。

比如开采钻石的虽然是矿工，但是钻石最后都被富豪拥有了；造房子的虽然是建筑工人，但是房子最后都被有钱人享有了。

按照这个逻辑，再回答一下上面的问题，请问那个美女最后嫁给了谁？

过往的各种现实告诉我们：这个美女往往选择了 B 或者 C，就是不会选最配得上她的 A 男士。

为什么呢？

难道科斯定理是个伪定理？

请注意，在科斯定理里有个重要的前提，那就是：交易成本为零或者很小。

什么是交易成本为零或者很小呢？就是当我们很容易找到最合适的东西，或者说不需要再通过中间商、渠道商就能找到这些东西的时候，就是交易成本接近零了。

否则我们得花钱才能发现它们，花钱给中介才能找到它们，或者得买通拥有这些东西的独家渠道，这时交易成本都是比较高的。

而在这种状态之下，往往是"不择手段"的人更容易成功。为什么呢？因为他们的交易成本低。人一旦"不择手段"，就会千方百计地突破原则和底线，这时更容易抢占先机，跟目标直接建立连接。比如上面案例中的 C 男士（条件最差，却最擅长主动，最懂套路）。

面对那个美女，优秀的 A 男士往往比较淡定，而且他太优秀了，不喜欢主动出击，女生往往喜欢有一个巧妙相识的开端，才觉得浪漫。

但是 C 男士早就扑上去了，根本没等 A 男士回过神来，已经把美女给约走了，而且美女往往容易被套路感动。

我们再以商业为例，分析其中的逻辑：在改革开放初期，市场的口子忽然打开，在很多人还没看明白的时候，那些最有胆识的人率先干开了，所以那是"胆识"决定一切的时代，你有多大的胆，基本上就能成多大的事。你可以没有文化，没有素质，甚至连价值观都是不明确的，但是只要你出来干了，你就很容易成功。

而且当时是坑多萝卜少，这时就看哪个萝卜先行动了。谁抓住了先机，谁就能占到好坑。最好的坑也可能被最坏的萝卜给占了。所以我们经常说：好白菜都被猪给拱了。

这其实是很正常的，因为在那个时代，信息是不透明的，机会是不均等的，资源也不是共享的，这时交易成本是非常高的。这种情况下，最好的资源不是给最会使用的人，而是给了那些胆子最大、最不择手段、最会玩套路的人。

之前的那个时代，一个人的成功跟个人能力和努力没有太大关系，只要你胆大，会玩套路，你就能成功。

但是现在不一样了，互联网越来越发达，信息越来越对称，中间环节越来越少，这时社会的交易成本越来越小，甚至开始趋近于零，这是一个价值高度对称的时代，社会的交换成本越来越低。

也就是说，我们越来越不需要为交易过程而买单了，我们可以直接找到自己想要的目标（资源、人群等），然后直接奔向目标了。

这个时代机会越来越均等，渠道越来越公开，资源越来越透明。比如互联网公司最喜欢喊的一句口号是：没有中间商赚差价。说的就是这个道理，我们越来越不需要各种中间商了，每个人都能随时找到自己想找到的资源，交易成本越来越小，很多时候只要上网搜一下，这个成本是趋近于零的。

那么科斯定理的前提成立了。

在一个信息和价值高度对称的时代，每一个机会只留给最能配得上它的人。最好的技术（工具），一定会被最善于使用它的人掌握；最有价值的思想，也一定会被最具贡献精神的人获取。

此时社会的价值交换越来越高效，社会的运转效率大大提高，流动性越来越强，这就要求我们时刻做最好的准备，所谓"机会留给有准备的人"，这句话终于彻底成立了。

如果我们自己的价值和层次没做到位，即便你运气爆棚，机会一个个降临，最终也会一个个错过。

其实商业的本质很简单，就是给自己的客户提供独有价值的东西（服务或产品），同时实现自己的收益（副产品）。我们获得收益的多少，越来越取决于我们提供价值的大小，商业逻辑正在越来越接近这一点。

无论科技怎么发展，无论变化多么剧烈，无论突发事件多么频繁，有一点是不变的，社会一定朝着价值最优组合的方向去发展，在"算法"的配合之下，每一件东西、每一个人都将被匹配到最合适的地方。

所以，这也是一个套路过剩的年代，人人都熟悉和掌握各种套路，而当所有人都在使用套路的时候，那些用心、走心、有价值的人，将成为最受欢迎的人。

从现在开始，机会将越来越公平，法制和法规也将越来越完善，社会告别野蛮生长期，开始向纵深、精细化发展。一个人如果想成功，就必须依靠你能创造的价值。我们正在步入一个价值决定一切的时代。

价值对等

在一个价值高度对称的时代,每个人只能得到和他相匹配的东西,一旦自己拥有的东西超过了自己的能力或价值,就会出现麻烦。

比如一个人的名声不能大于才华。一旦你的名声大于实力,就是名不副实,就是欺世盗名,就会有灾难;一个人的财富不能大于功德,一旦你的财富大于自己的功德,就是在投机取巧,就是不劳而获,投机取巧必招灾。

也因此,未来得到一件好东西的最好方式,就是努力提升自己,让自己配得上它。芒格之前说过这话,但是这句话只有在今天才成立。

切记:未来得到一件好东西(机会、职位、工具)的最好方式,就是让自己通过努力配得上它。

劳动和创造的价值

未来,"劳动"将成为一种基本需求,而不再是谋生的手段。

因为未来如果一个人不去生产劳动,他将找不到任何生存的意义,从而引发精神上的极度空虚。

这种精神上的空虚才是每个人最需要提防的问题,它将使人陷入极度的焦虑和无助状态。

在物质匮乏的时代,我们最担心的是生存的问题,比如吃不饱、穿不暖、没地方住等,而当社会物质繁荣到一定阶段,人们解决了生存问题之后,最迫切需要解决的问题,就是精神上的归属感和存在感。

为什么现在有些人活着就像行尸走肉,灵魂无处安放,像幽灵一样游荡?因为他们在时代的断层中找不到自己的定位和价值感。

唯有通过不断的劳动和创造,人们才能充实自己的精神和灵魂,找到活着的意义。

正确的重复

巴菲特合伙人芒格说过一句话：我们不需要新的思想，我们只需要正确的重复。

什么是正确的重复？

第一，选对方向，用时间悄悄地做杠杆；

第二，找到优势，用效果不断地做叠加。

真正的聪明人都在下笨功夫。

通过做自己擅长的事赚到钱

对许多人来说,兴趣和赚钱往往是分开的。当社会高度繁荣之后,人不再靠机遇赚钱,更多的是靠个人特质赚钱,这就离不开自己的兴趣和专长。

各大互联网平台的兴起,也让每一个兴趣都有了变现的机会,很多网红都是这样做起来的。

那么如何通过自己擅长的事赚到钱?

最好的方式就是:把自己最擅长的事,用别人最需要的方式去做。

我们做事不是只让自己开心,同时也要对别人有价值,这样才会产生市场价值。

自己喜欢的事,可以通过刻意练习,变成对别人有价值的事。

这样既没有丢掉自己,又时刻关注别人,这就符合"道"了。

三种不同维度的赚钱方式

根据赚钱方式的不同,人可以分为三种:

第一种人依靠双手养家糊口,这叫劳动。

第二种人依靠管理那些"靠劳动养家糊口的人"去赚钱,这叫创业。

第三种人依靠投资那些"管理'靠劳动养家糊口的人'的公司"去发财,这叫金融。

第一种人靠技艺,要想赚更多钱,需要提高技艺的娴熟程度,需要投入更多劳动的时间。

第二种人靠管理,要想赚更多钱,需要提升管理水平,需要更懂人性。

第三种人靠眼光,要想赚更多钱,需要更加精准地判断趋势。

第一种人在做事,第二种人在做人,第三种人在做局。

道生一,一生二,二生三,这三种不同维度的赚钱方式,组成了这个大千世界。

如何证明自己的层次

第一个层次是晒穿着打扮,比如穿戴一身大牌和奢侈品,向别人证明自己实力不菲。

第二个层次是晒自己的学识,比如你捧着一本有深度的书,瞬间就能让人肃然起敬。

在这个奢华遍地的年代,一本书、一番话、一段分享,更能获得别人的认同和好感。

底层规律

　　世界越来越变幻莫测，不确定性越来越强，但是无论怎么发展和变化，其底层规律不会变。

● ○ ○ ○　真相本质

正弦曲线

世界越来越变幻莫测，不确定性越来越强，但是无论怎么发展和变化，其底层规律不会变。

无论是房市、股市、创业、投资，它们发展的底层规律都是这条曲线。

一旦你真正看懂这张图并抓住了精髓，就看懂了上帝的底牌，把握了世界的规律。

先从爱因斯坦的一个著名公式讲起：$E=MC^2$。

这是他一生的智慧的浓缩，极其简练明了。

能量＝质量×光速的平方。也就是说，一切物质都可以转化成能量。

深层次的含义可以是：能量才是这个世界的本原。

那么能量是以什么形式呈现的呢？就是"波"。

波是什么样的？想想我们高中数

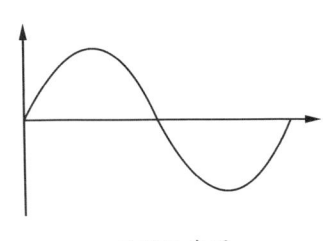

正弦曲线图

学学习的正弦曲线吧。

世间一切有形的和无形的物质都以"波"的形式存在,其发展规律都遵循这个曲线,一个波长代表着一个完整的周期。比如光、声音、电、磁场、电场;再比如人的情绪、认知、人生轨迹、股市、房市等。

人生成长曲线

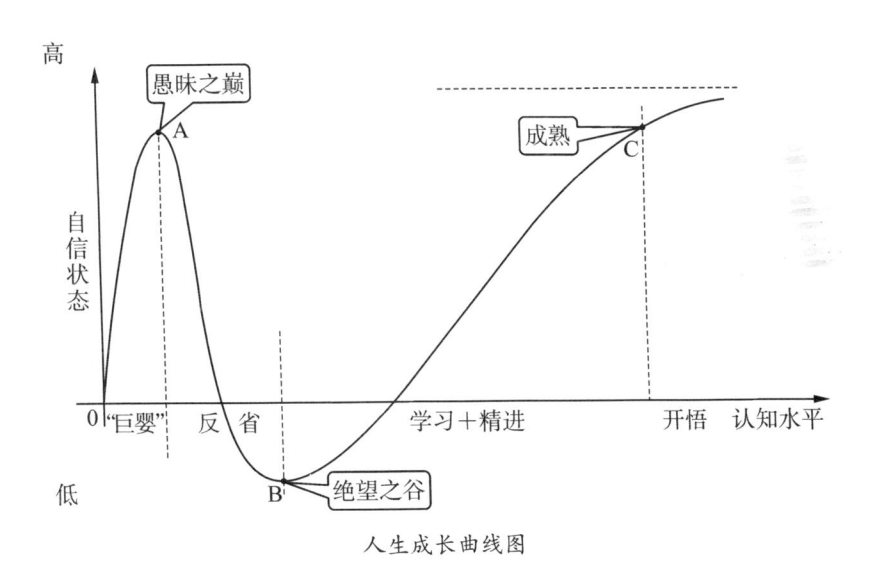

人生成长曲线图

这张图把人与人认知差距的本质讲清楚了：

社会上很多人都只是身体上长大的婴儿，他们的心理是不成熟的，还处于 A 点：愚昧之巅。

他们总有一天会因为自己的愚昧而遭遇现实的打击，一下子摔到谷底，也就是 B 点：绝望之谷。

然后，只有极少数人能痛定思痛，跌落低谷触底反弹，从此开始脚踏实地地前行,通过日积月累的刻苦修行,终于抵达 C 点,成为一个成熟的人。

这也是一个人认知的三个层次。

价值回归曲线

资产的价格往往会经历一个巨大的泡沫期,然后迅速经历一个绝望期,也就是过一个冷静期,最后才是回升期(跟价值增长同步)。

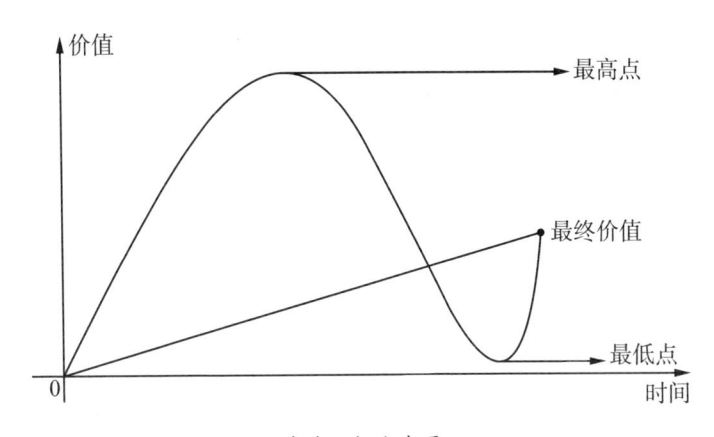

价值回归曲线图

很多股票、房价、虚拟货币、估值、市值等都被鼓吹得越来越大。2021—2022年就是资产价格的重塑期,很多虚妄的价格都会被打回原形,价值重塑期很快就会到来,一切都将价值回归。

经济发展周期曲线

马克思在《资本论》中写道：只要资本主义制度存在，经济危机的根源就无法消除，而且经济危机会周期性地爆发。这个周期包括四个阶段。

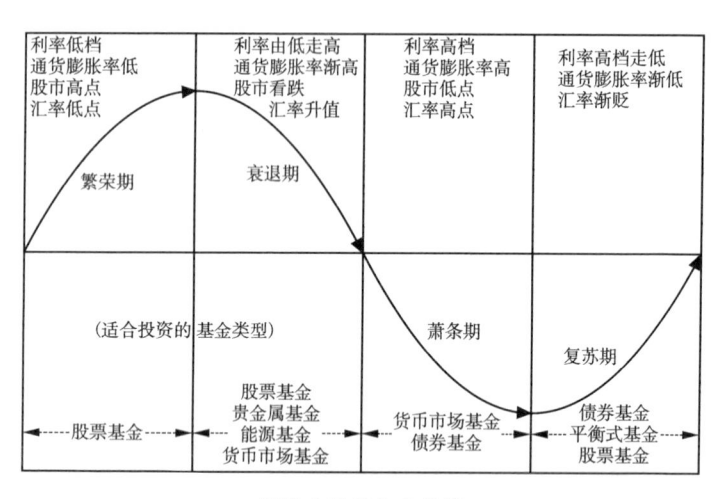

利率低档 通货膨胀率低 股市高点 汇率低点	利率由低走高 通货膨胀率渐高 股市看跌 汇率升值	利率高档 通货膨胀率高 股市低点 汇率高点	利率高档走低 通货膨胀率渐低 汇率渐贬
繁荣期	衰退期	萧条期	复苏期
(适合投资的基金类型)	股票基金 贵金属基金 能源基金 货币市场基金	货币市场基金 债券基金	债券基金 平衡式基金 股票基金
股票基金			

经济发展周期曲线图

这同样也是经济运行的四个阶段。

第一个阶段是繁荣期，第二个阶段是衰退期，第三个阶段是萧条期，第四个阶段是复苏期。政府会不断调节利率，从而让这四个阶段均衡分布。

其实，这四个阶段也是事物发展的四个阶段。以婚姻为例，第一个阶段是热恋，第二个阶段是热情消退，第三个阶段是互相僵持，第四个阶段是磨合，过了磨合期之后才能组建稳定的家庭。

技术成熟度曲线

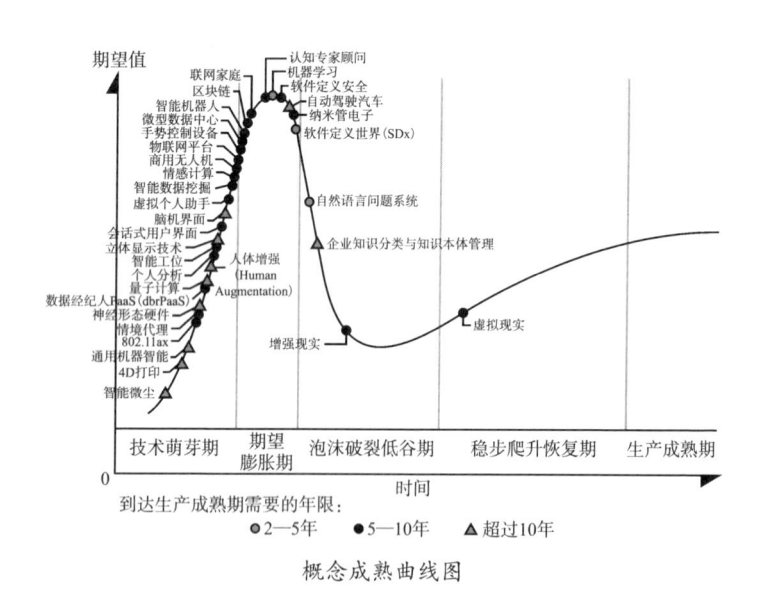

概念成熟曲线图

比如"人工智能""区块链""元宇宙"等这些新概念,这些概念都会经历一个期望膨胀期,也就是虚火旺盛的阶段,等泡沫破灭之后,才能真正进入技术应用阶段。

有个段子是这样说的:2021年,年前世间无不区块链,年初万物皆可碳中和,年末一切都是元宇宙。

社会每出一个新概念,总是先被一波投机者利用去圈钱(期望膨胀期),然后弄得一地鸡毛(泡沫破裂低谷期),之后才能真

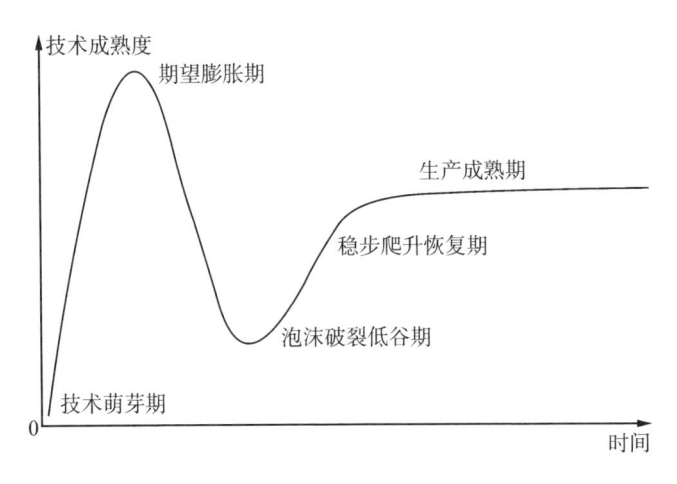

正进入理性应用阶段（稳步爬升恢复期），如下图：

技术成熟度曲线图

以上案例可以说明这条曲线的广泛适用性。

需要补充说明的是：在这条曲线中，每个大周期都包含无数个小周期。比如经济运行的大周期是200年左右，小周期则是5—8年。如下图：

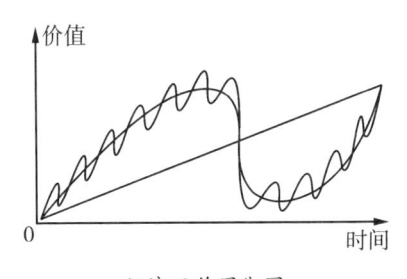

经济运作周期图

也就是说，曲线的局部依然是一个周期，而局部的局部仍是一个更小的周期，大波浪后面有小波浪，小波浪上面还有更小的波浪。

世界的变化是由大周期和小周期构成的，每个周期就是一个轮回，世界的本质就是各种轮回的组合。

如果我们再看下面这张图，就能明白它的根本性了。

太极图

正弦曲线不就是太极图吗？

"一阴一阳之谓道"。一个正加一个负就是一个完整的周期，也是一个整体。阴中有阳，阳中有阴，对立与统一，生生不息……这是万事万物都逃脱不了的规律。无论是投资、创业、婚姻、炒股、买房，你都要看清自己当前所处的节点。

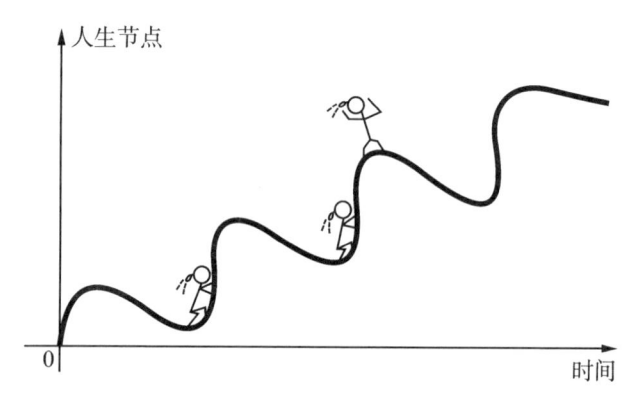

人生节点示意图

曲线的实际应用——把握买房最佳节点

那么，我们该怎么应用这个曲线呢？

以房地产行业为例，让我们看看如何寻找最佳的买房时机。

房价的涨跌也遵循这个曲线，即对应的四个阶段：飙升期、降火期、萧条期和恢复期。

当房地产过于萧条时，国家可以通过降息降准、减缓推地节奏、宽松限购，甚至通过减税、买房落户等各种优惠政策刺激楼市。

当房地产过热，国家又可以通过限购升级、增加土地供应量、控制学区房的含金量、提高利率等各种政策工具把楼市的流动性瞬间冻结，使房地产市场的流动性暂时趋缓。

那么，我们该怎么把握买房节点呢？只要记住一句话。那就是：国家让你买你就买，国家不让你买你就不买。

因为国家一定是逆市场而行的，当市场过热、大家不顾一切去买房的时候，国家为了稳住经济环境，一定会出台打压政策打压房价，这个时候抢房的人一定都是接盘的。大家越争着买，你就越要响应国家号召，不要买。

当房产市场萧条、大家都不再去买房的时候，国家为了刺激经济、去库存，一定会出台政策支持大家去买房。这个时候去买房，一定是低谷时期进入的，是抄底时期。大家越不想买，你越要出手，这才是真正的买房好时机。

买房一定要抓住一个原则：响应国家号召。这句话大道至简，因为绝大多数人都在追逐私利，都是不理性的，都如潮水般跟随市场而动的，国家只能用政策去制衡这股力量，而大部分人又不愿意直接响应国家号召，这时你响应了，就是逆大多数人而动，反而就符合"道"了。

● ○ ○ ○ ○ 真相本质

反者，道之动

《道德经》说：反者，道之动。真正看透规律的人，都在逆人性而动、逆大环境而动、逆大多数人而动。只有极少数人能做到这一点，大多数人都在随波逐流，成为时代的"韭菜"。因此，大多数人只会成为接盘者，逆行者永远都是孤单地前行。

投资的要诀就是巴菲特的那句话：当别人恐惧时你要贪婪，当别人贪婪时你要恐惧。股票就是低点买进高点抛，当股票一直下跌，你应该提前看到最低点，这时一般人恐惧不敢买，你就要大胆地买进；当股票不断上涨，你应该提前看到最顶点，这时大家都想再多挣一点，而你应该先逃了。

这和中国商圣范蠡的"旱则资舟，水则资车"的逆周期商业思想是一样的。在涝季要准备旱天所用的车，在旱季要准备下雨用的舟。

《史记·货殖列传》记载计然的话说：贵出如粪土，贱取如珠玉。意思是趁价格上涨时，要把货物像倒掉粪土那样赶快卖出去；趁价格下跌时，要把货物像求取珠玉那样赶快收进来。

"华尔街教父"本杰明·格雷厄姆说过：投资中的最大敌人就是自己。因为投资就是跟人性博弈的过程，最强的对手一定是你自己。一旦你战胜了自己，定能如同跳出三界外、不在五行中；做到宠辱不惊，看庭前花开花落，去留无意，望天上云卷云舒。

所谓：人弃我取，人取我予。通俗一点说就是：别人不要的东西你拿来，别人想要的东西你就给予。

众生之所求，正是你所舍。这样做看起来是一种施舍和慈善，是无我，却也是世界上最高境界的投资，是大我。

最终，一切有形资产都是身外之物，你在这一过程中形成的思想、格局才是自己的。

请牢记这条曲线，然后反过来行动。

赚钱的本质

那些正在赚大钱的人,生怕别人知道自己在赚钱,他们从不声张。

而那些到处宣扬自己在赚大钱的人,往往都是打着带你赚钱的名义收割你。

为什么开赌场的人往往自己不赌博?

为什么教人炒股的往往自己不炒股?

因为他们看透了赚钱的本质:要赚那些想发财的人的钱。

当别人都去淘金的时候,你要做的不是加入淘金大军,而是去修建一条能更快速通往淘金地的路。

当大家都去直播的时候,你要做的不是跟风,而是办个直播培训班,或者去卖直播设备。

这才是赚钱的本质。

竞争的本质

个人的发展离不开一个规律,那就是:

短期拼机遇,中期拼能力,长期拼人品。

个人的成功,刚开始要靠机遇,但是到一定阶段就得靠能力。如果要想长期立于不败之地,必须有过硬的人品,否则一定会栽跟头。

同样的逻辑,商业的发展也有一个规律:

短期拼声势,中期拼模式,长期拼产品。

商业的成功,刚开始往往需要借势,要站在风口上。但是到了一定阶段就得靠模式,模式必须是与时俱进的。要想长远发展,必须得提供过硬的产品,否则一定玩不下去。

以上两个规律告诉我们:一切竞争归根到底都是"人品"和"产品"的竞争。

企业发展规律

短期看营销,中期拼模式,长期靠产品。

一个企业能否获得关注,是营销决定的。

一个企业能否长期发展,是模式决定的。

一个企业最终命运如何,是产品决定的。

个人发展规律

短期看机遇，中期拼实力，长期靠人品。

一个人起点多高，是机遇决定的。

一个人能走多快，是能力决定的。

一个人能走多远，是人品决定的。

一个人的名声，不能大于自己的实力。

一个人的财富，不能大于自己的贡献。

一个人的职位，不能大于自己的能力。

否则，德不配位，必有灾殃。

大真必出大伪

天堂的隔壁就是地狱,天使的身边就是魔鬼。

越好的东西,越能藏住坏的东西,越好的概念越容易被利用。

社会有个规律:每年都会有一个新概念冒出来,然后会被很多投机者和骗子率先利用,变现自己的贪婪。当然,他们很快就会把这些新概念搞臭,然后就扔掉。

因此社会每出一个新概念,总是先被一波骗子抢着利用,然后再被一波投机的人利用,最后才轮到老实的人去干,所以老实人常常吃亏。

成功最大的绊脚石

每个人一生都能遇到很多次机会,成功与否就看你能抓住几次机会。

在抓住机会方面,有一个"隔代成功定律",即我们往往只能抓住隔开的两次机会,而很难抓住相邻的两次机会。

因为我们每一次成功地抓住机会,都会成为抓住下一次机会的阻碍。

因为当你有了上一次的优势,反而容易导致你沉溺在传统的成功里,不可自拔。

所以,成功最大的绊脚石就是成功本身。

真相本质

金钱是人性的放大器

金钱能让人变坏吗?

这个问题自古至今就被人们不停地提起,但至今都没有定论。

其实,金钱并不会让人变坏,也不会使人变好,它只能让人暴露真实的自己。

金钱就和权力一样,是人性的放大器,它们会将人本身的样子放大很多倍。让人活着更接近最真实的自己。

人在贫穷的时候往往没机会释放自己的傲慢、无耻,也没能力发挥自己的慷慨、善良。等人有钱了,虚荣、贪婪、自私都会放大,相应地,人的慷慨、善良、勇敢、仁慈、孝敬、奉献也会放大。

金钱让高贵的人更高贵,卑鄙的人更卑鄙;

金钱让深刻的人更深刻,浅薄的人更浅薄。

人生漫漫，无非两件事

第一件事是寻找同类，第二件事是寻找互补。

当一个人还比较弱小的时候，特别需要找到同类，找到同类就可以找到认同感和安全感。

当一个人足够强大的时候，就需要找到互补，找到互补才能找到价值感和幸福感。

恋爱最好找同类，婚姻最好找互补。因为恋爱是情感组合，彼此开心就可以了，而婚姻是价值组合，能帮助彼此实现价值才是最稳固的关系。

在动物世界里，弱小的动物一向都是成群结队，比如鸡鸭鹅羊和牛马，它们需要团结起来才能保护自己。强大的动物从来都是独来独往，比如虎豹豺狼和狮子。

大学的时候，大一、大二的学生一般成群结队。那是因为他们还在适应新环境，所以本能地要组织起来。大三、大四的学生大多独来独往。那是因为他们已经习惯了校园生活，所以可以互相独立。

真相本质

　　有人会说：不对啊，狼也是成群结队的嘛。这就是狼的厉害之处，它除了实现自身的独立强大之外，还可以随时联合起来对付更强大的老虎和狮子，所以有一种精神叫"狼图腾"。

世界上最基本的两种关系

宇宙中有两股最根本的力量，这两种力量驱动了万物的运转。

第一股力量是阴与阳的互相吸引。这一种是互补的力量，互补产生吸引，最直接表现就是爱情，是两性关系。正如弗洛伊德所说：人类的一切问题，都是因为"性"出了问题。

第二股力量是大对小的吸引，也就是强对弱的吸引，其实就是牛顿说的万有引力。比如地球被太阳吸引着转，月亮被地球吸引着转，大的总是吸引小的，成功的总是吸引弱小的去追随。

在这两种力量的推动下，人有两种最基本的需求。第一种是需要变得更完整，即阴需要阳，阳需要阴；第二种是需要变得更强大，唯有强大才能吸引更多不如自己强大的人的追随和认可。

第一种力量是"质"的问题，第二种力量是"量"的问题，同量不同质，产生惺惺相惜的爱情知己；同质不同量，产生惺惺相惜的追随。

阴与阳，大与小，就是世界上最基本的两种关系。这是一切复杂关系的最根本关系，搞透了这两种关系，就搞懂了宇宙间一切复杂的关系，也能让自己在关系中变得游刃有余。

鱼受害于饵,人受害于财

世界上的是是非非真的很难说清楚,以钓鱼为例,到底是人的错,还是鱼的错?

鱼生活在水里,人生活在陆地上,两者都有自己的安身之处。

人钓鱼是因为想吃东西,鱼上钩是因为想吃诱饵,两者都是为了自己的食物。

鱼吃诱饵有被钓的风险,人钓鱼也有掉进水里的风险,两者都有自己的风险。

鱼受利于食,人也受利于食;

鱼受害于食,人也受害于食。

若以鱼为本,人吃了鱼,则鱼受到了伤害;

若以人为本,人以鱼为食,人无食吃则人受到了伤害。

鱼受害于饵,人受害于财。仅此而已。

开口说话需要满足的七个条件

一是你把事情想清楚了。

二是你把要说的话理顺了。

三是你把说话的结果想透了。

四是别人在听。

五是别人能听懂。

六是别人听完后能执行。

七是别人执行后有价值。

说话千万不能信口开河,如果不满足以上条件,宁可不说。

要多听,听得越多,掌握的情况越全面,犯错的概率就越低。

在任何一个场合,最重要的人,一定是说话最少,但是最有分量的人。

不鸣则已,一鸣惊人。

二八法则

社交有个黄金比例，也就是二八法则，即我们在说话过程中，意见和夸奖比例保持在 2 ∶ 8 最合适。也就是说，我们在和人沟通时，每夸人 8 句赞美的话，才能提 2 句中肯的意见，这是让对方最容易接受我们意见的方式，否则就是好心办坏事。

古往今来，为什么那么多皇帝都把身边的忠臣给杀了？就是因为这些忠臣说话的比例没把握好。他们基本上句句都刺耳，虽然句句都是实话，但不符合"道"，即便是好心也往往没有好下场。

知行合一

知行合一，是让你的"认知"和"行为"统一起来。

千万不要让你的"行为半径"大于你的"认知半径"。

简而言之，就是不要干超出你认知范围之外的事。

千万不要让你的"行动速度"超过你大脑的"运转速度"。

当然，也不要每天都在思考（认知），而不去行动。当你看清一件事的时候，就立刻去践行。

一个人做事的最高境界就是"知行合一"，即把自己的认知和行为彻底统一起来。没有思考清楚就不要行动，但是只要思考清楚了，就立刻行动！

这也叫"有勇有谋"。

物极必反

有一种神奇的物质——吲哚,它广泛地存在于香水和粪便里。

当吲哚浓度较低时,会散发一种迷人的香味,令人沉迷。

当吲哚浓度较高时,会散发出浓浓的臭味,令人呕吐。

这就是物极必反。任何事情做得太过火了,就马上转向对立面。

另外,光彩夺目、价值百万的钻石,跟漆黑如泥、一文不值的石墨,是由同样的成分——碳原子组成,区别在于碳原子的排列结构不同。

这个世界真的很神奇,在人类的认知里,很多截然相反的物质,其实都是同一种物质。

只不过我们的眼睛、鼻子、嘴巴,一直在欺骗自己的大脑。

雌雄同体

真正厉害的人，往往都是"雌雄同体"。

世界上有两种思维：

第一种是理性思维，也是男性思维，冷静、理智、靠逻辑；

第二种是感性思维，也是女性思维，情绪化、感性、靠感觉。

一个人越具有跟自己互补的思维模式，就越有魅力，比如男人吸引女人，往往是阳刚附带的温柔和细心；而女人迷倒男人，往往是温柔之外的独立和坚强。

那些厉害的人则可以在这两种思维之间切换自如，他们既有本性别的鲜明特征，又巧妙地糅合了另一性别的优点。

大自然仿佛要通过他们来显示自己的最高目的——阴与阳的对立和统一，这也就很符合"道"。

高手性非异也，自成阴阳。心有猛虎，细嗅蔷薇。静如处子，动如脱兔。

在之前，我们都靠找另一半来补充这种思维，然后两个人加一起组成一套完整的系统，成为一个家庭。

而现在，我们与其把精力花在去寻找一个认知水平相同又思维互补的异性，还不如把这些时间精力用到提升自己的完整度上，让自己成为一个完整的个体。

未来的社会，即便是一个普通人，也需要同时具备两套思维。因为一个社会越发达，人的独立性就越强，越需要自身的完整性。未来每一个人都是独立的个体，需要同时具有两套思维。

之前社会的基本单位是"家庭"，未来社会的基本单位是"个体"。

每个人都需要有女人的温柔似水，同时又需要有男人的坚韧不拔。

吃 苦

做大事容易，还是做小事容易？当然是做大事容易，因为你做的事越大，就越不在乎小事，恰恰是生活中那些鸡毛蒜皮的小事耗费了我们80%的能量。

赚大钱容易，还是赚小钱容易？当然是赚大钱容易，因为你赚的钱越多，来帮你的人就越多，吸引的资源就越强，所处的位置就越高端，从而可以协调更多的资源。

赚富人的钱容易，还是赚穷人的钱容易？当然是赚富人的钱更容易，因为他们只在乎体验和产品质量，你只要把产品和服务做到极致，他们就愿意买单，而穷人对每一分钱都很计较，他们总是想用最低的价格购买最好的服务，而且总是鸡蛋里挑骨头。

那为什么那么多人每天埋头做小事、赚穷人的小钱呢？因为大事和富人需要更高的格局去驾驭，还需要更深层的认知做基础，这就需要我们通过不断的学习去提升水平。

大多数人宁可吃琐碎杂事的苦，也不愿意吃学习和提升的苦。因为生活的苦躺着一动不动就来了，学习的苦却需要你主动找着去吃。

同 频

所有成熟的人,都有一个共同的需求:寻找同类。

所谓同类,就是跟自己同一个频率的人。

人与人最大的不同,就是频率的不同。

世界有两大神奇的自然现象:

一个是"同频共振",是宏观上的;

一个是"量子纠缠",是微观上的。

这两大现象说明一个道理:频率相同的人总会相遇,甚至相亲。

世人称这种相遇为"缘分",有缘千里来相会,无缘对面不相逢。

世界上最美的事,莫过于高山流水遇知音。

古人说:士为知己者死,女为悦己者容。

可见同频究竟有多么重要!

余生最美的事,就是跟同频的人在一起。

放 下

如果你特别强烈地想得到一件东西,最好的办法就是先放下它,然后按部就班地做该做的。

用心点,温柔点,不要那么用力,然后水到渠成,该发生的都会顺应规律发生。

特别心急,特别用力,甚至手忙脚乱,它往往会被你吓跑,然后躲着你。

当你放下所有执念,不再那么贪嗔痴,一切美好都会如约而至。

上　当

没读过书的人,往往上"人"的当;读书太多的人,往往上"书"的当。

但是绝大部分人的问题在于:由于书读得太少,所以不断上人的当,被收割和欺骗。

我宁可上书的当,也不愿意上人的当。上书的当最多是个"书呆子",上人的当就是"韭菜",甚至是万劫不复。

总结:人生啊,上当是必然,关键是你选择上谁的当。

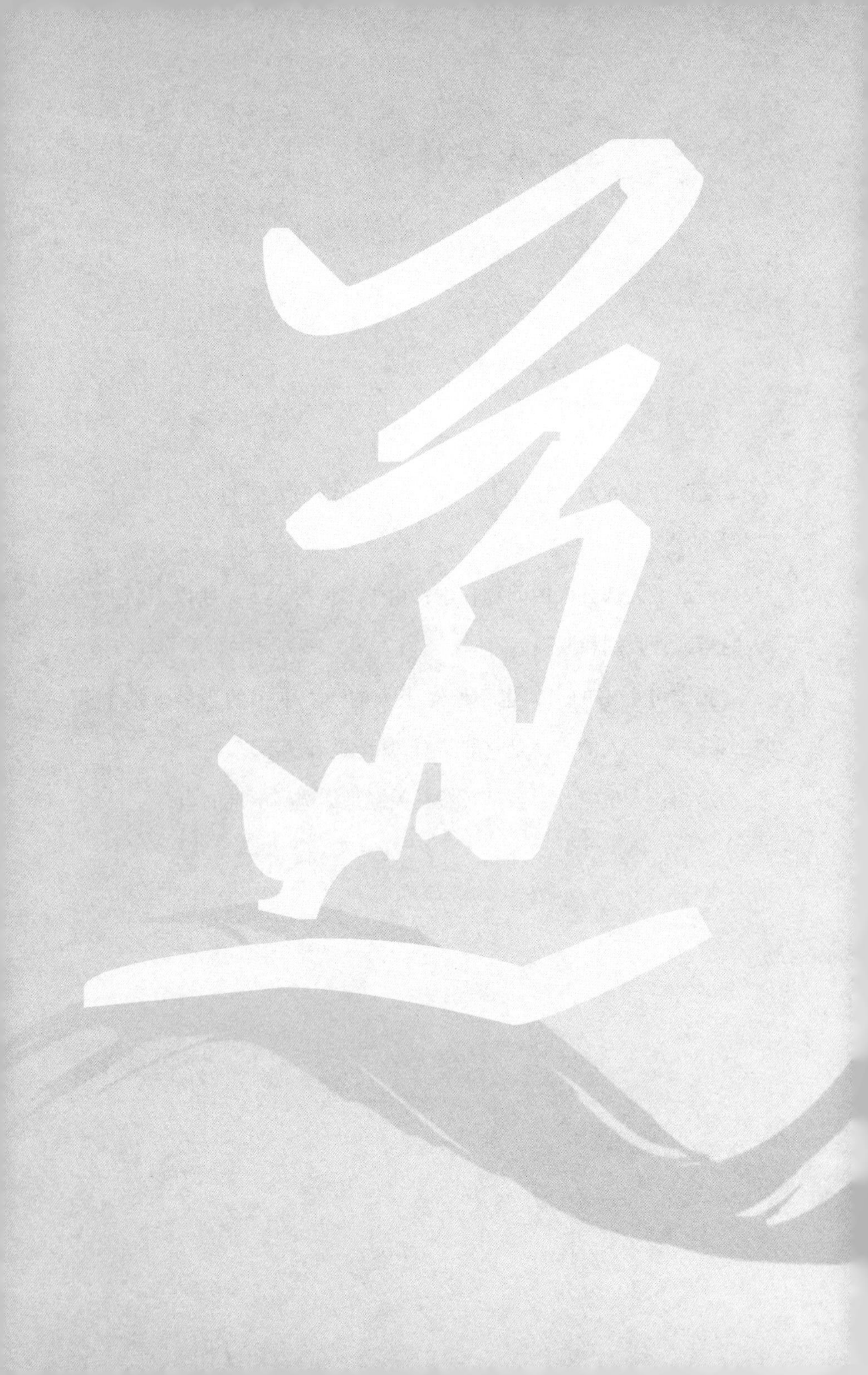
道

第二章

认知觉醒

认知要素

未来一切的竞争,其实都是抢占"认知高地"的竞争,而一个人的生活方式决定了他的认知水平。

认 知

都说人与人之间最大的区别是认知,那么人的认知究竟是由什么决定的?

其实,只要一个人的"信息吸纳量"到一定程度,认知的瓶颈就会被打开。

获取信息的效率,是这个时代最重要的能力。我们必须接纳足够多的有效信息,才能找出信息之间的关系,从而挖出规律,找到本质,才能形成"认知"。

很多人之所以每天都在坐井观天,就是因为不能获取真实有效的信息。

比如有些人每天都在刷短视频、看娱乐节目和玩游戏中度过,这些活动都不能及时吸纳社会的有效信息,反而会消散我们的精力。

有人说:看短视频也是在学习啊!实际上,绝大部分短视频输出的都是"情绪",而非"信息"。短视频和直播就是靠煽动大众的情绪得以传播,才能让大家下单;很多观点都是在迎合大众，甚至误导大众，这样才能走红。

包括很多人花钱去上各种培训课程，绝大部分课程灌输的也都是"情绪"。很多老师声情并茂、手舞足蹈地表演，就是为了煽动大家的情绪，然后在全场情绪最高潮的那一刻收割你。

娱乐节目和游戏更不用说，带来的都是"情感安慰"和"情绪满足"。它们存在的目的是为了让我们放松，而不是为了让我们吸收和学习。

还有人说：每天刷社交媒体也不能获取信息吗？实际上，现在的社交媒体都是"算法"推荐机制，你越喜欢什么内容，它就越给你推荐什么内容。你深信的东西都会反复加强，你怀疑的东西都会主动避开你，到最后其实也是一种情绪满足。这就是"信息茧房"，会使我们更加故步自封。

包括我们平时的聊天和社交，也很难获取更多真实有效的信息，因为我们只能跟同一个层次的人交流，大家认知水平相近，信息源相近，彼此之间还能互相肯定，只是让这种"信息茧房"更为牢固。

认知税

这个时代越来越有意思：满屏都是答案，到处都是方法，我们却越来越不知道怎么干了……

从读书的时候开始，我们就被动地接受各种答案。现在短视频中的各种"大神"，各种培训大师，各种实用类书籍都争先恐后地给我们提供答案……

我们天天都在寻找各种答案，现在琳琅满目的答案呈现在眼前了，为什么我们反而越来越迷茫了呢？

终于恍然大悟：那些直接给你答案的人，其实是变相地掌控你的心智。他们抓住人性不喜欢主动思考的弱点，打着帮你直接解决问题的幌子，操控你的行为，然后收割你。

请记住：这个世界上没有放之四海而皆准的答案，每个人的条件、资源、环境不一样，解决问题的答案也不一样。

每个人的答案是不一样的，你的答案只在你自己心中。任何老师或书籍只能帮我们找答案，而不能直接给我们答案。否则就是剥夺我们思考的权利，那才是真正的害人不浅。

这就是为什么各种资源都在给我们提供答案。他们惧怕我们思考，惧怕我们成长，否则就不能操控和收割我们，这就是现代商业的本质。

世界上最昂贵的税是"认知税"。

认知升级

有那么一批人，他们的运气非常好，赶上了资产升值的最好时期，也赶上了闭着眼睛都能发财的好时代，他们的财富积累到了一定水平，但是他们的认知水平、素质水平与财富地位并不相称。

这群人现在赶上了时代的大变革，各种戏剧性的变化就发生了：由于认知水平不足，他们每一步的决策都是错误的，乃至是致命的，比如教育出糟糕的下一代，掉进各种投资的陷阱……当潮水退去，裸泳的人就暴露了。

现代社会发展呈现断层式跃迁。社会的断层可能导致人们认知的断层，认知的断层会导致财富的断层；财富断层的表现，就是各种骗局越来越多，不靠谱的项目越来越多，人们的财富被不断洗牌和重组。

应对的唯一办法，就是让我们的认知呈现跃迁式的升级，才能在风云变幻的时代立足。

警惕"认知监狱"

世界的本质就是一种平衡：物质越丰富，人的智商就越退化；科技越发达，人的精神就越空虚；营养越丰富，人的生理功能就越弱；知识越唾手可得，人的独立思考能力就越差。

未来的世界，也许将被分割成一个个小单元格，认知和价值观相似的人被放在同样的单元格里，单元格的墙壁十分坚实，每个人都活在自己的信息茧房（认知监狱）里。这些人之间互相肯定和认可，拥有共同的一片天，然后利用短视频、直播、游戏、网购等，玩得不亦乐乎。

他们需要的不是成长或者被唤醒或者产生价值，而是情绪安慰、麻醉和幻相、短平快的各种刺激。只需要给他们一口饭吃，给他们点好玩的东西，他们便会沉浸其中，慢慢消耗自己的生命。

而在算法的配合下，未来的内容生产和推送机制将更加高明，可以精准地给每个单元格投放他们最想要的东西。这些人未来都将是被喂养和投递的。

世界也将变得错落有致，井井有条，开启智能化管理。随着科技的发达，这些人不需要参加任何劳动，社会也有足够的资源喂养他们，把他们像宠物一样圈养起来。

挣脱"思维牢笼"

人们常把自己视野的边界当成世界的边界。因为自己感受不到或者看不见,就当它们不存在,这就相当于把自己关在一座牢笼里,这就是思维的牢笼,也是认知的监狱。

多少人都被牢牢地禁锢其中,视野变得狭隘,判断力和行动力都深受影响。多少人一辈子都在这座监狱里出不来,自己把自己终身囚禁。

古今中外所有的圣人和经典,都在教导我们如何挣脱这个牢笼:

《道德经》说:五色令人目盲,五音令人耳聋,五味令人口爽。我们的眼睛、鼻子、舌头、耳朵等组合在一起构建了一个虚拟的世界,把我们笼罩其中,屏蔽了真实的世界,欺骗了我们的大脑。

《心经》说:照见五蕴皆空,度一切苦厄……无眼耳鼻舌身意,无色声香味触法。意思是当我们关闭自己的六根,再去感知世界的时候,才能看到真实的世界,才能解除人生的痛苦。

《金刚经》说：凡所有相，皆是虚妄；若见诸相非相，则见如来。你看到的一切相，都是内心深处的投射。当你能穿透各种表象而能窥探其本质的时候，你就彻悟了。

《周易》说：嗜欲深者天机浅。意思是：欲望越重的人，越看不到世界的真相。我们都被欲望蒙蔽了双眼，从而陷入一个巨大的"思维牢笼"，就像瞎子摸象。

人生就是一场修行，修行的最高境界，其实就是挣脱了"思维牢笼"，就似拨云见日，让你刹那间看透万物的真谛和人生的真相，简直妙不可言。

抢占"认知高地"

未来一切的竞争，其实都是抢占"认知高地"的竞争。一个人的生活方式决定了他的认知水平。

很多高端人士根本没有时间去刷短视频。他们喜欢进行深度思考，喜欢文字阅读。文字阅读的本质，是让你静，让你能够安静地思考。

静生定，定生安，安而生慧，慧生判断力。

我们永远都不可能跟苏格拉底、老子等去聊天了，但是我们可以通过读他们的书，去学习他们的思想和观点。

可惜的是，人们越来越喜欢短平快的感官刺激，越来越不喜欢像读书这种真正的学习方式了，但这样也是合理的。因为在未来的时代，也许只要极少数人保持独立思考就可以了，绝大部分人只需要吃吃喝喝就够了。

读书和看视频的区别

有效增加"信息吸纳量"的途径，就是读书，读一流的书！

读书与看视频相比，其接收有效信息的效率高太多了，为什么呢？

首先，每个人接纳信息的速度不一样，有的人可以一目十行，有的人只能一目三行。但是没关系，书籍不会影响你的效率，任何人都能按照自己的速度去阅读。

但是在看视频的时候，如果觉得这段视频是无效信息，就想去快进，但是只要你一快进就不知道中间落下了什么，你需要反复尝试去快进，这影响了你接收有效信息的效率。

为什么我们在发微信的时候，非常害怕有的人上来就给你发好几段60秒的语音？因为听起来太累了，稍不留神就得重来，有时还要担心被别人听到。如果先在微信里转换成文字，又会出现很多错别字，让我们担心信息有所损失，结果转换完还得再听一遍，这就非常影响我们接收信息的效率。

其次，书里的文字没有画面，没有声音，没有色彩。这可以让我们专心致志地去提取那些有效信息，让我们沉浸在信息中思考，也容易培养自己的独立思考能力。

视频里面有很多声音、画面、色彩的渲染，这些都属于辅助信息，带有浓重的个人情感色彩，比如主持人或解说员的情绪等。正是这种辅助渲染，把很多人带偏了。太多人在接收信息的时候误把情绪当成意见，把偏见当成道理，把故事当成真相。

这就是视频化时代的副作用，越来越多的人都被主播一步步地带偏，活在自己的妄念里，看不到真相，然后被反复收割。

最后，如果某一段话让你觉得特别有价值，你想做个记号或者画个重点，你很难在视频上进行，你可能需要重新写字或打字才能记下来，这又影响了你的效率。

文字是思想的最基本逻辑，人类所有的思想都能以文字的形式储存下来。比如无论多么经典的演讲或电影，我们最后都会以文字的形式记载下来，去剖析它的内核思想。所以，读文章是最容易抓住核心精髓的。

又比如企事业单位里的文件，从来都是以文字的形式发出的。重要的信息，都必须以文字的形式呈现，才能让大家在最短时间内接收到并得以执行。

世界上最难的事就两件：第一件是把自己的思想灌输到别人的大脑里，第二件是把别人的钱拿到自己的口袋里。这两件事是相辅相成的，做到第一件才有第二件，这也是商业的不二法门。

读书和看视频，一个是主动吸纳信息，一个是被动接纳信息。只有主动吸纳信息才有助于我们独立思考，形成自己独立思考的能力。

请记住：书是展现人类思想的最好方式，读书是我们获取有效信息的最好方式。

傻瓜和聪明人的区别

聪明人往往急于成功。

傻瓜往往埋头成长。

聪明人太容易挖到表层的矿藏,也因此往往错过深处的富矿。

傻瓜只能去深挖那些被遗弃的表层,往往还能发掘出意想不到的惊喜。

聪明人遇到坑,往往远远地躲开了,也失去了被教训的机会。

傻瓜遇到坑,往往见一个就填一个,也因此不断地成长。

聪明人喜欢重复做自己会的东西,所以常常活在过去的辉煌里。

傻瓜总是执着地钻研自己不懂的东西,所以一天天地开窍。

世界是公平的。

高认知的表现

人类社会一切现象都是本质的呈现，但是人们把自己能看透的现象称为规律，把自己看不透的现象称为命运。

其实在高认知的人眼里，或者在高能力的人眼里，根本就没有命运的说法。一切都是有迹可循的，顺着各种现象就可以摸清逻辑，然后判断趋势和必然。

而那些认知水平较低的人，因为无法从各种表象看到本质，所以只能给自己贴上标签，同时也喜欢给别人贴标签，用标签的思维去下结论。

举个例子，为什么很多人喜欢交流星座知识？

因为他们无法在短时间内观察一个人的本质和本性，只能通过询问星座的方式去了解一个人，这就成了先入为主，给一个人贴上了标签。

贴标签就相当于生硬地把很多人划归为一类，要知道即便是同日同时生的两个人，其个性也有天壤之别。

他们无法察觉出每个人的个性，只能用共性去代替个性。这就相当于把形形色色的人用条条框框束缚起来，忽略了每个人的个性，眉毛胡子一把抓。

而那些高认知的人，可以在短短十分钟之内，通过一个人的言谈举止判定一个人的本质和本性，从而洞悉他的过往和未来，根本不需要问他是什么星座。当然这需要极高的洞察力，这也是高认知的表现。

如何辨别高维的人

当你遇到一个人,他能理解你的处境,尊重你的观点和立场,和你打成一片,让你觉得很舒服。但当你想进一步和他深入交往时,会发现他总是难以捉摸,始终拿捏和你的距离,让你觉得若即若离,似乎总和你隔着一层纱,说明他正在跟你"降维沟通"。

高维的人,从来不会曲高和寡,也不会恃才傲物,他们是大象无形的,能随时做到"上下兼容"和"左右调和"。

"上下兼容"指的是能把自己的维度调整到跟对方平等,然后再展开对话,能随时跟不同层次的人实现同频。

"左右调和"指的是能很快找到对方思考问题的角度,不带任何偏见,甚至能在世俗的对错之间自如切换。

他们是不分高低对错的,随时可升可降,可左可右,没有分别心,没有执念,这就是大象无形。

认知水平高的人有更强的意志力

当一个人有高认知水平的时候,更容易寻找人生的意义并树立生活的目标,而这些遥远、坚定、有价值的东西,会抵消掉当下的很多痛苦。俗话说:人无远虑,必有近忧。同样的逻辑:人一旦有了远虑,就没有了近忧。成为一个长期主义者,做到延迟满足。

当一个人认知水平低下的时候,是看不到长远价值的,也没办法树立长期的路线和目标,就只会专注于当下的效果。每一分付出都需要回报,甚至是斤斤计较、睚眦必报的人,只会是一个短期主义者,需要即时满足。长期下去,人就变得越来越不耐烦,对任何人和事都失去耐心,焦虑的心态就这样滋生,变得越来越肤浅,只能用当下的娱乐麻醉自己,每天都在焦躁中度过。

越来越多的人喜欢喝心灵鸡汤

一语道破天机：因为绝大多数人都吃不到鸡肉。

绝大多数人在现实中早已是千疮百孔，但又无力改变，或者说没有足够的勇气去改变现状，就开始寻找心灵寄托。

他们既然吃不到鸡肉，就只能去喝鸡汤了。既然在现实中一塌糊涂，就转而去心灵鸡汤中寻找安慰。

这就是人性的补偿原理。当人在某一方面无法获得满足感的时候，只能去另外一种东西那儿补偿回来。

因此，互联网上最流行、最易传播的内容，不是最有价值的内容，而是最能给大家带来精神安慰的心灵鸡汤，或者是各种让人"上瘾"和"情绪化"的段子，因为太多的人需要被疗愈。看看那些被刷爆的短视频，基本上都是这个调性。

也因此，很多商家、自媒体和网红，就拼命熬制各种心灵鸡汤，专门给大家调制心理抚慰剂，让大家陶醉。最重要的是，在这个过程中，还能实现巨大的商业价值。因为当一个人被抚慰和夸奖的时候，智商降低一半，这时你说什么他就信什么，你卖什么他就买什么，完全被你牵着鼻子走。

很多人都是身体长大的婴儿，他们看起来是成年人，但是心理年龄非常小。他们最典型的特征就是不愿意吃"成长"的苦，于是就只能吃"生活"的苦了，被一茬又一茬地收割。

熬过低谷期的人常常很冷漠

因为没有人知道他在低谷时期是多么无助,也没有人在意这个过程。当他一个人走出低谷,人们看到崭新的他之后,只会淡淡地说一句:他变了。

因此,人一旦把世事看透了就会变得冷漠,不是因为他失去了与人相处的能力,而是因为他已经懒得再跟别人去解释。

那些跌入低谷再爬起来的人,都有哪些特点

一是对人性的理解更加深刻,善于从人性角度思考事情。

二是外表越来越安静,内心越来越淡定。

三是不再把别人的恭维放在心上,不再在乎别人的看法和脸色。

四是不再热爱幻想,凡事都会先做最坏的打算。

五是不再轻信别人,不再对他人轻易寄托希望。

六是屏蔽各种闲散的事,杜绝各种无效社交。

七是永远坚信,只有自己才能帮自己。

如何判断一个人是否强大

发现自己的无知，需要相当程度的认知。

承认自己的自卑，需要相当程度的自信。

每一个人都有无知和自卑的一面，就看他敢不敢承认和面对。

自卑和无知，恰恰也是很多人奋发向上的原动力。

古今中外，很多优秀的人才都是从小就自卑的人。

因为自卑，所以奋发向上，不断走向强大，从而建立自信，这时才敢承认自己的自卑。

一个人知道得越多，越容易发现自己的认知边界，从而保持谦卑。

因为无知，所以才不断学习。

知道得越多，就会发现不知道的东西更多。

因此，看一个人是否强大，就看他能否拥抱自己的自卑和无知。

不必处处证明自己是对的

不成熟的人有一个基本属性：每个人都在证明自己是对的，自己的一切才是最合理的。他们甚至会竭尽所能地去摧毁其他人，从中找到存在感和价值感。

这种关系不仅存在于婚姻中，也广泛地存在于人类的一切关系中，比如爱情、友情、亲子、职场等，这也是人们最大的执念。

人类的几乎每一种亲密关系，在刚开始的第一个周期，其实都是一场权力争夺战，争夺的就是谁才是对的，谁才是最合理的，双方都在强调自我的正确性、合理性、重要性，然后有意无意地否定和打压对方。婚姻中第一个阶段通常是为了完成这个任务，有时需要七年，也就是常说的"七年之痒"。

过了这个关，关系就开始升华到一个新的高度；过不了这个关，游戏就结束。

马克思说：人是一切社会关系的总和。只要你还在证明自己是对的，只要你还在跟对方讲道理，就说明你还没有把握到关系的本质和精髓。即使你讲赢了道理，证明了自己是对的，也输掉了所有人。

人生破局的关键

人生最大的悲哀，是由于教育的先入为主，我们过早地形成了小逻辑闭环，并且被紧紧地禁锢其中，从而无法看到更大的世界。

人生最大的幸运，是遇到了某些人或事，让我们清醒地看到了自己认知闭环的局限，突破"认知监狱"，从而构建更大的认知闭环。

人生破局的关键就在于不断地构建更大的认知闭环，从而提升格局，领略更多风景。

成长最快的方式

个人成长最快的方式,是与高认知水平的人建立链接。

跟高认知水平的人建立链接分为三种方式:

第一种是看他的内容,包括作品、产品、观点、思想等。

第二种是在线上沟通,比如微信聊天、直播间打赏互动。

第三种是在现实中沟通,面对面交流是能量交互最为高效的方式。

第一种方式虽然只是第一种境界,但是可以跟任何高认知水平的人建立连接。比如我们永远都不可能跟苏格拉底或者老子等聊天了,但是我们可以读他们的作品,通过他们的作品去探求和接近更高维度的世界。

也因此,找到高人并且获得跟高人互动的机会,是成长的最好途径;如果不能,就去读他们的书,或者去学习他们的思想和观点。

决定认知水平的两大要素

一个人的认知水平，取决于两大要素：

第一是接纳有效信息的效率。

第二是处理有效信息的效率。

接纳有效信息的方式往往决定了其效率，比如读书和看新闻接纳信息的效率就大于看电影和看短视频。

什么叫处理有效信息的效率呢？我们接纳有效信息后必须梳理和归纳这些信息，就像整理收纳自己的衣服一样，去整理分类信息。

学习的最高境界，是找到这些凌乱信息背后的规律，最后可以由一滴水看到整片大海，从而见微知著，一通百通。

帮助一个人最好的方式

帮助一个人最好的方式,不是直接给他钱和资源,而是提升他的认知,打开他的格局,让他觉醒。

一个人的认知和格局只要打开了,就可以看到一个更加真实和高维的世界,从而轻松驾驭原有的困境。

一个人最大的幸运,不是认识了多少有钱人,因为没有哪个有钱人会说我的钱太多了,分给你一点吧。

一个人最大的幸运,是遇到了能够指点自己的高人,他们帮你指点迷津,让你茅塞顿开,从而提升认知和格局。

最好的老师和学生

最好的老师,从不把自己当老师,他只会用尽一切办法让你更深刻地认识自己,从而成为更优秀的自己。

他就像背景音乐一般的存在,在无形当中给你鼓励,而不是张牙舞爪地表现自己的强大,让别人臣服自己。

最优秀的学生,是能在老师的帮助下找到属于自己的答案,而不是一直在指望老师给自己答案,那些对老师过分依赖的学生,或者指望一切都靠老师给予的学生,永远不可能得到真正的提升。

人生最大的幸运,就是遇到良师。

进步最大的秘诀,就是做一个好学生。

大部分培训机构的模式

真正好的学习或者课程,不是以老师或者课件为中心,而是以学生为中心。那是让学生不断找到和发掘自己的过程。

乌合之众的学习,却是不断失去自我的过程。他们拼命向讲课老师去靠拢,然后用掌声和崇拜代替自己的思考。

然后在全场情绪最高涨的那一刻,老师开始兜售自己更贵的课程,再借助令人炫目的声音和灯光,让大家下单。

这就是绝大部分培训机构的模式,打着学习的名义去收割学生。

宁与智者争高下，不跟愚者论短长

每个人只能在特定的水准上思考，每个人都活在自己的认知世界里，每个人都被关押在自己的思维监狱里。

千万不要跟愚者争辩，他会把你的智商拉到和他相同的水平线上，然后用自己丰富的经验来打败你。

遇到认知极低的人，只能去"降维沟通"，用他们能听懂的语言，只讲他们能接纳的事实。

现在如果有人告诉我 1 + 1 = 3，我也会说你真厉害，你完全正确。

如果你和一个愚蠢的人论理，只能说明你们是同一个层次，如果你很介意一个愚蠢的人的看法，这说明你也并不比他们高明。

井蛙不可语海，不要跟井底之蛙谈大海，因为完全超出了它们的视野。

夏虫不可语冰，不要跟夏天的虫子谈冰雪，因为完全超出了它们的生命范围。

凡夫不可语道，不要跟普通人论"道"，因为他们根本就听不懂。

真相和希望

真相是非常残酷的，同时真相的威力也是非常大的。如果搞不清真相（本质），会被周围的人和事伤害，遭受现实的苦。但是如果把真相看得太清楚，又会变得很孤独，不够合群，遭受各种精神的痛苦。

因此，人既不能活在假象里，也不能活在真相里，而是应该活在希望里。人一旦发现人生没有希望了，那才是真正的绝望。

我们最大的挑战，是如何给残酷的真相穿上一层糖衣，让世人吃下这片甜甜的药，给他们看到希望，而不是看到真相。

人生的意义，不是追求真相，而是要看透世界的真相后依然热爱它。那些能够带领大家看到希望的人，就是这个世界上真正的英雄。

人性和规律

人的认知由两部分组成，第一部分是人性，第二部分是规律。

对人性的认知，是心法，靠的是感知和共情的能力，人性即人心，偏重感性方面。

对规律的认知，是算法，靠的是逻辑思维和推导的能力，规律即趋势，偏重理性方面。

"人性"和"规律"也是认知的两条脉络，它们互相交织，类似于 DNA 双螺旋结构，互相支持，不可分割！

做人的大道

让别人知道你有多优秀,并不是一件多么了不起的事。

相反,让别人知道他在你眼中有多优秀,从而让他为你所用,这才是一件了不起的事。

所以,不要再逢人就证明你有多牛,而是要善于发现别人的厉害之处,然后让他成为你的辅助者,这才是做人的大道。

返璞归真

《道德经》说：知其雄，守其雌，为天下溪。为天下溪，常德不离，复归于婴儿。

意思就是：知道别人的特点，同时又能守住自己的特性，是应对一切变化的根本，于是一切都返璞归真，回归到最简单却又最根本的状态。

有个词叫"两极相通"，意思是：事物的两个极端，在表面上看起来是一样的。比如"大忠似奸，大智若愚"。

在旁人看来，高手和小白是很相似的，都充满了纯真；高人跟普通人也是一样的和蔼可亲，但他们的"内核"是不一样的。小白的纯真，是未经世事的幼稚和单纯；高手的纯真，是经历世事的无数浑浊之后，净化出来的纯真。普通人的中庸，是碌碌无为的平庸；而高手的中庸，是高明之后故意让自己看起来中庸，就是"极高明而道中庸"。

真正的天真，不是生下来就纯真，而是历经沧桑之后还能保持天真；真正的乐观，不是生下来就乐观，而是经历黑暗之后还能保持乐观。

静稳忙忍

静中藏了一个争字,

稳中藏了一个急字,

忙中藏了一个亡字,

忍中藏了一个刀字。

做人,谁不想清净?但是要想实现真正的静,不是逃避,不是佛系,而是必须要有当仁不让的决心,该争的一分都不能少,争取你该拥有的,之后才能获得人生真正的安静。

做人,谁不想一帆风顺?但是要想实现真正的安稳,不能靠安逸,不能靠一成不变,而是必须有一种风风火火的做事姿态。

越忙,越要厘清自己,不要用行为的勤奋去掩盖大脑的懒惰。

越想要战胜对方,就越要忍。要么不出手,只要一出手,就手起刀落,干净利落。

有无相生

现代社会竞争的本质,就是少数人掌握社会主要资源。要想成为这少数人,就必须修炼出理性且成熟的人格,拥有近乎完美的人性。

《道德经》说:有无相生。一个人只要内心有所"缺失",就会在外在上有所"炫耀",就会有需求,就会被别人拿捏,就会被现实教育,就很难成为极少数人。

无论是创业、职场,还是社交、恋爱,人生最终修理的还是自己。知人者智,自知者明;胜人者有力,自胜者强。

思维模型

学得到的都是知识,学不到的才是智慧。

学习的真正目的,是建立更好的思维模型,而不是获取知识本身。

一个人如果思维模型落后,无论吸纳多少信息量,都只是低水平的重复。

一个人如果思维模型先进,即便只看到了一滴水,都能看到整片大海。

捧　杀

毁掉一个人，最好的方式不是咒骂他，而是竭尽全力地夸奖他。

人性使然，每个人都喜欢听好话。

反复地夸，千方百计地夸，夸得他飘飘然，无法看清周围的世界，然后他做出的决策都是错误的，这也叫捧杀。

所以面对捧杀，我们一定要保持头脑清醒。

常 识

"常识"才是决定一个人成败的关键。

绝大部分人的失败,都是因为缺乏"基本常识"。

芒格说:所谓常识,看似是平常人都能掌握的知识,其实恰恰相反,常识在现在这个时代成了普通人不具备的知识。

因为普通人一生都在追逐"诀窍",或者追捧成功者的经验,导致丧失了基本的逻辑能力和判断能力。

绝大部分人只不过是人云亦云之辈,他们被凌乱的信息包围和冲击,早就丧失了独立思考能力,成了两眼放光的瞎子。

所以现在的各种套路不需要太高明,就可以让人前赴后继地跳下去。

无 知

苏格拉底说：我唯一知道的事就是我一无所知。

越高维的人，越承认自己的无知。

因为一个人知道得越多，不知道的东西就会更多。

所以发现自己的无知，需要极高程度的认知。

敢于承认自己的无知，不仅是有智慧的表现，更是一种勇气和自信。

不敢直面自己的无知，拼命炫耀自己已经知道的，才是内心自卑的表现。

表　达

　　获得别人欣赏的最好办法就是去请教对方,给别人一个指导你的机会。几乎没有人不喜欢别人倾听自己表达。

　　人们最迫切表达的,永远不是内容本身,而是背后迫切被理解的心情。所以你无论能不能听懂,不断地点头和认可即可。

　　记住:去问对方问题,而不是去当对方的老师,去指点对方。

本 质

真正的高端人士之间的对话,从不是上来就谈生意,而是先谈人。

他们从琐碎的聊天内容窥见一个人的三观、圈层、能力和资源。

因为他们明白人是一切问题的核心。他们只负责搞定人,下面的人才负责搞定事。

张嘴就谈经济的经济学家充其量是个二流的经济学家,张嘴就谈策划的策划专家充其量是个二流的专家,张嘴就谈创业的创业者充其量是个二流的创业者。

真正驾驭某项技能的人,早已不会被技能束缚。他们能直达本质,把专业讲得通俗易懂。就好像一位真正的得道高僧,他如果开导启发你,肯定不会给你讲解难懂的经文,而是举身边最简单的例子,比如倒水喝水,在谈笑间就能让你顿悟。

宽　容

宽容，根本不是一种道德，而是一种认知。它是对世界和人性深度洞察后的聪明行为。

善于原谅别人，其实就是善于放过自己。揪着别人不放，往往就是揪着自己不放。

放过自己，才是人生最大的智慧。

修 行

叔本华说：世界上最大的监狱，是人的思维。

《道德经》说："散则为器，大制不割。"意思是：真正的器具，真正的大格局，都是无边界的，边界越多，被分割得越多，标准就越多，我们的思维障碍就越多，跟日新月异的世界无法兼容，眼里全是各种条条框框。

世界上最可怕的事情不是找不到答案，而是满脑子都是标准答案，满脑子都是"我知道"。

人生就是一场修行，修行的最高境界，其实就是"放下我执"，放下我执，就是不再拘泥于自己的认知局限，而是打开自己的思维边界，以一种开放的眼光审视世界。

幸存者偏差

世界上所有成功的背后都有运气成分，很多成功都是偶然，而不是必然，但是一次偶尔的成功却可以包装成各种传奇故事不断地贩卖。

幸存者偏差

生活在两千多年前的西塞罗,是一名无神论者。

有一次,他的朋友们劝他:"去拜拜神吧。"

他就会反问他的朋友:"我为什么要去拜神呢?"

他的朋友说:"在海难中,活下来的都是拜神的人。"

西塞罗听闻后说道:"那些拜神被淹死的人,已经无法再张口说话,但是那些拜神没被淹死的,回来后就能告诉你:我是由于拜神才活下来的。"

这就是幸存者偏差。

幸存者偏差在现实中的应用

第二次世界大战期间，英美对返航的战斗机进行了弹痕分析，发现弹痕集中在机翼部位，而驾驶舱和油箱很少有中弹痕迹。于是他们决定加固机翼装甲。

而统计学家则指出：我们能够收集的样本全是返航飞机，它们多数机翼中弹，这就说明即使机翼中弹，飞机也有很大的概率能够成功返航，而恰恰是那些没有什么弹痕的部位，比如驾驶舱和油箱，当它们中弹的时候，飞机往往连返航的机会都没有，所以需要加固那些没有或很少弹痕的部位。

幸存者偏差的两个故事

再来看两个故事。

第一个故事：

有 1024 个人，在他们的面前摆着一道门，这些门中间，有一半是生门一半是死门，也就是说，这 1024 人中，有一半的人会死，一半的人能够活下来。

然后再往前走，还剩下 512 个人，其中依然是一半的生门，一半的死门，最后剩下 256 个人。

往前走，游戏还没有结束，依然是一半的人活下来，依次剩下 128 人、64 人、32 人、16 人、8 人、4 人、2 人，直到最后只剩下一人，这个游戏就结束了。

这个最后剩下来的人，我们叫他幸存者。

如果你问这个幸存者：成功的原因是什么？

他会告诉你：只要你一直向前，一直用力去推开那一扇门，那么你就会取得成功。

确实他就是做出了这样的努力，取得了成功，可是当我们看到了全局才明白，他说的话只是"一部分"真相。

他只是众多死亡者中唯一的一个幸存者，还有 1023 个人，死在了那一场竞争里面。

第二个故事：

有一天你发现有个人很厉害，竟然能爬到 100 层高的大楼上，于是你问他是怎么上来的。

他说自己是做俯卧撑上来的，这也太不可思议了。于是一个传说流传开来：有的人居然靠做俯卧撑就爬上了 100 层高的大楼。

于是所有的人都开始练习俯卧撑，期望能跟他一样创造奇迹。

而实际上，他是乘着电梯上来的，只不过他在电梯里顺便做了几个俯卧撑而已，至于他究竟是在电梯里做俯卧撑还是打太极，跟他能爬那么高都没有任何关系，只不过他从不对外宣称是因为自己乘了电梯，不然就没有任何传奇性了。

这两个故事，是幸存者偏差的生动说明。

生活中的幸存者偏差

我们经常这样说：以前的老物件几十年了还好用，现在的东西质量太差了。实际上，那是因为能用到现在的老物件肯定都是好用的，不好用的早就被扔了。

还有这样一个现象：一件东西我们不需要的时候，它经常出现在我们面前，我们需要的时候，却总是找不到它。那是因为绝大部分时候我们都不需要它，所以它出现在我们不需要它的时间当然更多。

还有一个说法：打工不如创业，创业才容易走向人生巅峰。实际上，大多数创业者都赔得血本无归。但是他们根本没有机会和心情跟大家分享他们的失败经验，而仅剩的成功者，其成功的故事总是被各种包装和流传，所以我们都忽略了失败的大多数，只记住了成功的极少数。

而这些极少数成功的人，其成功原因到底是因为自己的能力，还是因为运气好抓住了机遇，这些都很难说得清。可是他就是成功了，因此他就有机会站在舞台上，告诉别人：我是如何成功的，你们也可以跟我一样。

但是他的经验真的就适用于大众吗？也不尽然。

现实生活中这样的例子有很多，有些人因为偶然因素取得了成功，就被所谓的成功学大师包装成经典案例。

世界上所有成功的背后都有运气成分，很多成功都是偶然，而不是必然，但是一次偶然的成功可以包装成各种传奇故事不断地贩卖。

这些成功者在公众面前大谈成功之道，分享自己的成功经验，这仅仅只是一种幸存者偏差而已。其实，我们更应该关注失败者的失败教训，而不是成功者的成功之道。

迷恋成功者经验的原因

很多人都相信传奇，活在鸡汤里。越是能让大众产生幻想的传奇，越容易让大众疯狂和着迷。而真相和价值都太普通了，大家对此根本毫无兴趣，所以一直充耳不闻。

这些鸡汤和传奇不仅满足了很多人一夜暴富的幻想，还让很多人放弃了奋斗和成长，转而寻求各种捷径，渴望能一夜暴富，从而越陷越深……

其实，很多人追求的从来就不是真相和价值，而是各种情绪安慰，各种心灵鸡汤，各种被编织的哄骗。

于是，那些成功人士和"大师"，就把自己的经历刻画得非常传奇，毕竟只有传奇才能成为街头巷尾的热议流传，只有传奇才能有故事，而大众想要的就是各种故事，而非真相。

现在很多人失去了沉淀和反思的能力。他们都被欲望和贪婪蒙蔽了双眼，他们其实从没有想过要改变和提升自己，他们只想一夜暴富，快速得到好处，或者花钱买捷径。

正是因为太多人都在找成功的捷径，这就让很多投机者钻了空子,他们利用人们急于求成的心理,宣称自己的重大理论和发现,声称找到了成功的捷径或诀窍,可以帮我们绕开弯路,让很多人趋之若鹜,其实就是在收智商税。

这些传奇故事在社会上广为流传,越传越神。让我们以为自己也可以成为那个幸运的人,于是把希望都押注在那些偶然的事情上。

也因此我们的成功就是偶然的,失败就是必然的。

借假修真

千万不要执着于各种事物的表象,这就是《金刚经》里一直强调的"应无所住而生其心"。

善亦有道

你的善良也需要锋芒。

否则，低智商的善良还不如高智商的冷漠。

有时你是一个好人，但未必是一个好老板、好家长、好领导。

因此：好人未必有好报，好心未必办好事。

总有一些人自以为给别人的是满满的帮助，其实给别人带来的却是各种倒忙。

社会最大的阻力并不是坏人，提高作恶的成本，坏人就会自行消散。社会最大的阻力往往是那些数量众多，缺乏智慧和远见的滥好人。

罗素说："若理性不存在，则善良无意义。"

哈耶克说：当善良失去原则的时候，可能比恶还恶。因为它将沦为恶的帮凶。

苏格拉底说：无知即无德。无知的人是没有资格行善的。因为他们的善良缺少智慧的内核，不仅能助长邪恶，还会殃及自身。

当善良成为信手拈来的旗帜和牌坊，被毫无门槛地挂在嘴边，在世间恣意横行，它就已经成为一种恶，因为它以善良之名制造了无数恶人。

的确，世间最大的恶，往往是以善良之名到处横行。很多人正是以善之名，悄悄犯下了各种罪恶。

鬼　神

世上总有一些人喜欢求神搞鬼，迷恋那些玄乎的东西，这其实是现代人内心越来越脆弱的表现。

大家发现没有，所有的恐怖片最后都告诉我们两个道理：

第一个道理：世界上并没有鬼，是人在搞鬼。

第二个道理：鬼并不可怕，可怕的是人心。

有人居然怕鬼，真是太幼稚了，让我们看看人心。

所有见过鬼的人，都放下了，开始好好做人。只有那些脆弱的人，还在把鬼神放在嘴边，求神搞鬼。

堂堂正正做一个好人，做一个内心强大的人，没有任何鬼神能影响得了你。

聪明和愚蠢

这个世界上,所有的成功,都离不开愚蠢的反衬。

正是因为大众有愚昧无知的一面,才成就了世界上极少数人。

很多自以为聪明的人,总会因为看到太多愚蠢的人而痛苦,其实这是自讨苦吃,杞人忧天。

因为一个人要想成功,必须建立在一个条件上:你比周围的人都聪明,如果你发现周围的人个个都那么聪明智慧,你就很难有出头之日。

所以,当你发现很多人都那么愚蠢的时候,你应该感到庆幸,这只能证明你比他们聪明,你比周围的人更容易走向成功。

你遇到的每一个愚蠢的人,都是来度你的。他们冲撞你,是为了提升你的格局和修养,他们埋头做傻事,是为了把机会让给聪明的你。

能跟聪明的人相处融洽,最多能证明你也是一个聪明的人;但能跟愚蠢的人相处融洽,则可以证明你是一个有大智慧的人。

表象和假象

存在即合理。

首先,这个世界本身就是一个不合理的存在。

举个例子,我现在说一句话:我正在说谎。

那么,这句话是真话还是假话?

如果你认为是真话,但是我都说了我是在说谎,所以这句是假话。

如果你认为是假话,但我已经说了我是在说谎,所以这句是真话。

这个世界本身就是一个悖论。

所以,我们根本就没办法探究很多事情的真和假,世界就不存在客观的真假。真和假都是我们内心投射出来的,真到假处真亦假,假到真处假亦真,真和假是可以随时转换的。

我们始终有一种错觉,认为自己一直忠诚于真理和真相。而实际上,我们只不过忠诚于自己的幻想。

那些给大众提供"真相"的人,会遭到大家的一致唾弃。而那些给大众提供美好幻想的人，却可以成为大众的主人。

越是能让大众产生幻想的传奇，越容易让大众疯狂和着迷。而真相往往太普通了，大家根本对此毫无兴趣，一直充耳不闻。

大家之所以看不到真相，也是因为真相往往都是复杂又残忍的，一个人没有足够的勇气和智慧，即便你把真相和价值呈现在他面前，他也接不住。

绝大部分人追求的都是情绪安慰、心灵鸡汤。对世界来说，"秩序"永远比"真相"更重要。因为唯有有条不紊的秩序才能让世人安稳地生活。而过于追求真相，是世人最大的执念。

应无所住而生其心

世界上真正的高手，都在通过构建故事去影响别人。而那些看穿的人只能看破而不能说破，因为这个"相"必须维持下去，大家才能有条不紊地生活。

我们可以看透全局，但千万不能试图说透，因为一旦这个"相"被揭开了，很多秩序就彻底混乱了。

凡是揭开这个"相"的人，也就是让大众想象幻灭的人，都会成为千夫所指。古往今来，这种人物实在太多。

比如苏格拉底，他明知道自己已经处于"众人皆醉我独醒"的状态，却仍然"知其不可为而为之"，苦心劝人省察人生、潜心向善。最后，他被大众以"亵渎神明"和"腐化青年"的罪名处以极刑。

他终于死于不理解自己的同胞之手，而且还被认为是罪有应得、死有余辜，这就是坚持说真相的下场。

比如《皇帝的新装》是一个非常伟大的童话：面对那个全身赤裸在大家眼前游荡的皇帝，所有的人都竖起大拇指，夸他的衣服漂亮。唯独一个天真的小孩站出来说：他明明什么都没穿啊！刹那间，整个世界尴尬无比，因为他撕开了世界的假象，让世人无所适从。

假到真处假亦真，当假戏做到了极致，就是真的了。

千万不要执着于各种事物的表象，这就是《金刚经》里一直强调的"应无所住而生其心"。意思是，当我们不执着于表相的时候，才能看到真实的世界。这也叫"不着相、不住相"。

虚则实之，实则虚之

很多时候我们都知道彼此在说套话，大家一起心知肚明、正儿八经地说客套话，这就是形成了一种秩序。这也叫"借假修真"。借着假的事物来追求真相和真理。

其实绝大部分人都是活在假象里，而且乐此不疲。这是必然的，也是合理的。因为人和人是不一样的，有人聪明，有人愚蠢；有人勤奋，有人懒惰。要让聪明能干的人去引领愚蠢懒惰的人，社会才能整体往前进步。

那些愚笨的人，根本没有必要知道那么多真相，拧成一股绳，埋头干活就行了。这些人如果知道得太多，想得太多，反而会消解社会的合力。

真和假都只是表面，关键是看自己的心境能不能到那个层次。

比如《孙子兵法》说：虚则实之，实则虚之。意思是：你看到的虚的，往往是实的；你看到的实的，往往是虚的。

又比如《道德经》第40章说："天下万物生于有，有生于无。"有无本来就是相生的，我们不必太计较"有"或者"无"本身。

世界上必须得有坏人

孤阴不长,独阳不生。单一条件再极致,都不能孕育生命和促进生长。

水至清则无鱼。如果一盆水清澈得连细菌都没有,鱼都没办法生存。

即便是健康的人身上,也需要有坏的细菌和病毒,也都有原癌细胞。

有人成为好人,就必然有人会成为坏人。好和坏的互相制衡,产生了缤纷多彩的世界。

坏人的存在,让好人有办法去印证自己是好人,让人们区分了善与恶。

坏人的行为,时刻都在提醒好人:只有善良是不够的,还必须有雷霆手段。

坏人的作用,促使社会制定出一系列的制度、法律,让每个人自觉地远离邪恶,确保社会向文明的方向前进。

我们必须像坏人一样努力,才能让坏人没有机会。

如何才能在这个世界取得成功

请记住这三句话：

第一，人们最想表达的，永远不是内容本身，而是迫切被理解的心情。

第二，人们最想看到的，永远不是真理或真相，而是各种希望。

第三，人们最想得到的，永远不是价值，而是各种捷径和小便宜。

因此，千万不要把你认为的真相告诉别人，也不要把你认为的价值强加于人，你只需要理解每个人的狭隘，在他们的认知范围内，用他们的语言跟他们沟通，你就能大获成功了。

这就是在俗世中取得成功的深刻逻辑。

两套秩序

凡事必须分为阴阳两个对立面,社会也有两套秩序维持着它的运转。

阴和阳

凡事必须分为阴和阳两个对立面，社会也有两套秩序维持着它的运转。

第一套秩序挂在嘴上，是浮在表面的，人人都只说不做，停留在口号和嘴上，属于阳。

第二套秩序藏在心里，是利益得失，是潜在水下的，人人都只做不说，只应用于实际行动，属于阴。

第一套秩序是阳，第二套秩序是阴，两者相辅相成，谁都离不开谁。

也可以这样通俗理解：有些事是只能做不能说的，有些事是只能说而不能做的。

经常有人说社会上各行各业都有潜规则，这里所谓的"潜规则"，其实就是第二套秩序。

有句话说：真正的成熟是看透而不说透。指的就是这第二套秩序，它只可被用于实战，但千万不能说。

一个人整天挂在嘴上的事情，往往都是噱头，他正在干的事，往往不能说出来。

利益分析法

第一套秩序只是一个幌子,你千万不要被它迷惑,不要用它去衡量或推导要发生的事情,而要用第二套秩序去分析事物的联系和必然。

这就是利益分析法。利益关系是第二套秩序的根本。

所谓利益分析法,就是每遇见一件事,要迅速切割成不同的利益方。你的每一个言行,有利了谁,针对了谁?有利的人就是你的朋友,针对的人就是你的敌人,要这样划分敌我关系。

但切记:没有永恒的朋友,只有永恒的利益。利益一转化,你的敌人和朋友迅速改变。

同样,在一个组织里,每一个决策下来,都要分析这个决策符合了谁的利益,伤害了谁的利益。

符合利益的那几方,一定会形成一个利益共同体;利益受损的那几方,也一定会形成一个利益联盟。

然后两个阵营,一定都会举着第一套秩序的道德大旗,去争取第二套秩序的利益。

我们要记住一句话：决定一个人的前途和命运的，表面上看是能力和机遇，其实是看他和谁形成了"利益共同体"，看他代表了谁的利益。

有一点很重要：用这个办法推导出来结论之后，要迅速用第一套秩序包装起来，一定要披上道德的外衣，千万不要赤裸裸地谈利益，否则就会被人抓住把柄。

因为第二套秩序是不可说的，而第一套秩序存在的价值恰恰就是为了让我们能够自圆其说。

道德和利益

有句话是这样说的：一个人越缺少什么，就越会炫耀什么。同样的逻辑，一个社会越缺少什么，就越会宣传什么。

我们经常在社会上看到那种教人赚钱的导师，教人投资的专家，这些人说的道理都很好，但永远都停留在理论层面，而如果一个人真正靠投资赚到大钱了，他一定不会整天跑到外面给人讲课，他早就只顾闷声发大财了。

也因此，那些站到台面上的人物，很多都是"大忽悠"，包括很多名人，如果你完全按照他们的理论去做，必输无疑。

除此之外，我们也经常会在各种场合听到一些成功人士大谈他的经验，往往总是提到努力和坚持，但是实际上他成功的真正原因，往往都是不便说出来的。

很多企业家嘴上挂着的都是公益，心里想着的却都是生意。

弄懂了这个道理之后，我们能瞬间想通之前很多想不通的事：

比如，很多人总是在嘴上胜过别人，这是最愚蠢的做法，因为这些人在现实中往往是失败者。

比如，要小心那些嘴上说话很好听的人，这些人内心盘算往往更深。千万不要轻易相信一个人嘴里说的话，你只能看一个人的实际行动。

比如，我们经常说这个人表面一套，实际一套，很虚伪。但是这种嘴上一套心里一套的人，往往在社会上混得开。

而很多人之所以活得痛苦，就在于他只看到了第一套逻辑，而看不到第二套逻辑。或者是因为他们用第一套秩序（道德）的逻辑，去践行第二套秩序（利益）的事情。

为什么做实事的人往往总是吃亏？因为他们做事用了第一套逻辑，但第一套逻辑是只能说而不能做的。

为什么说实话的人往往到处碰壁？因为他们把第二套逻辑说了出来，第二套逻辑是只能做而不能说的。

需要强调的是：无论社会怎么发展，都需要奉第一套秩序为上，尊第一套秩序为正统。

因为只有这样，才能使人活在希望里。我们只有通过做那些美好的和正能量的事情，才能更好地推动社会进步。

好人和坏人

老鼠从来不会认为自己吃的东西是偷来的。

蚊子从来不会认为叮咬别人是错的。

苍蝇从来不会觉得大便又脏又臭。

蝎子也从不觉得自己有毒。

在乌鸦的世界里,天鹅都是有罪的。

人类说老鼠是坏东西,因为老鼠偷吃我们的粮食;但对老鼠来说,这叫觅食。

人类夸奖蜜蜂勤劳,因为蜜蜂在给我们酿蜜;但对蜜蜂来说,这是基本需求。

所谓害虫和益虫,都是人类按照自己的利益标准划分的。

所谓的好坏,都是强者按照自己的立场去划定的。

因此,世上没有纯粹的好人或者坏人。你伤害了他的利益就是他眼里的坏人,你符合了他的利益就是他眼里的好人。

富人和穷人

富人之所以富有，是因为掌握了更高维度的认知，拥有更强的奋斗精神。富人更愿意带动穷人提升认知，而不是直接给穷人钱，那样会害了穷人，因为如果穷人的认知得不到提升，即使有钱也是暂时的。

然而世间有几个穷人能够勇敢地面对自己的无知和懒惰，彻底摒弃自己的坏习惯和秉性？

穷人虽然都在向富人取经，但是富人真把致富的真相说出来，没有几个穷人能接受得了。99%的穷人都活在鸡汤里，活在心理安慰里。他们宁可面对美丽的谎言，也不愿意接受残酷的现实，因此永远都在自欺欺人，掩耳盗铃。

"江山易改，本性难移"，99%的穷人表面上也想提升自己的认知，其实他们更想要一个快速致富的捷径，想要的是占便宜。而当富人告诉他们如何提升认知的时候，穷人还要反过来批判他们，因为穷人们认为这个不能直接赚到钱，是没用的大道理。这就是下士闻道，大笑之。不笑不足以为道。

成长和成熟

成长是做加法,成熟是做减法。

真正的成熟就是把 80% 的精力花在 20% 的事情上。

事情只有越做越少,才能越做越精。

天赋和障碍

每个人的身后都默默地站着两个"元神"。

第一个元神叫"天赋"。天赋是我们跟上天的接口,你若感知不到它,人生就会兜兜转转不知所措。

第二个元神叫"障碍"。很多人都把"障碍"当成了必须去干掉的敌人,而实际上它是我们隐藏的朋友,以另外一种方式给我们指引。

所谓"开挂"的人生,其实就是用好了这两大元神。

高手和普通人

普通人思考问题都是一步一步来，由 A 推导出 B，B 推导到 C，再推导出 D，最后得出 E，然而高手可以由 A 直接推导到 E。

这就像开车，普通人的是手动挡，需要一级级加速，而高手是自动挡，可以无级变速。

所以，高手需要和那些能同他们一起进行思维跨越的人在一起，才能激荡出智慧的火花。

如果他们和一群普通人探讨问题，就不得不反复演练 B、C、D 等一个个挡位，还要去解释自己为什么省略那些步骤，并且省略得是否合理……最后他们的思维就会严重受阻。

两种悲剧和两种痛苦

生活中的两种悲剧:

第一种是没有得到你想要的。

第二种是已得到了你想要的。

人生的两种痛苦:

第一种是成功之前。

第二种是成功之后。

"化繁为简"和"化简为繁"

很多高人拥有"化繁为简"的能力,却为什么不去这样干?

原因很残酷:这样干就赚不到钱。

因为大众只愿意为复杂的东西买单,他们总是被复杂的描述和套路所打动,越是花里胡哨的东西越能让他们着迷。

"化繁为简"是智慧,"化简为繁"是商业。

"强者思维"和"弱者思维"

人的思维分为两种，一种是强者思维，另一种是弱者思维。

所谓的"强者思维"，就是发现并遵循世界的客观规律，从而不断地向上和进取，这是一种自我救赎的文化。

所谓的"弱者思维"，就是总把自己放在被救赎的位置，总是渴望通过依赖去生存，是一种期待救世主的文化。

"强者思维"注重的是创造和开创，"弱者思维"注重的是依靠和跟随。

"强者思维"专注于客观规律，要实事求是，自力更生；"弱者思维"专注于人性的弱点，互相算计和斗争。

"强者思维"喜欢遵守规则和秩序，期望通过自身的强大去解决问题；"弱者思维"则喜欢特权主义，总是期望能破格获取，得到恩惠和照顾。

"强者思维"的核心在于独立性，当一个人发现只有自己才能帮自己的时候，他就拥有了"强者逻辑"。这就是《周易》里说的"自强不息，厚德载物"。

但是拥有"强者思维"的人很少，因为他太独立了，需要拥抱孤独，直面各种问题，因此被很多人本能地抛弃了；而"弱者思维"由于易学、易懂、易用，成了流行的思维。

上天往往更偏爱拥有"强者思维"的人，所谓：自助者，天助之。当一个人拥有了"强者思维"，从独立走向强大的时候，所有的人都会来帮他。

相反，当一个人始终都是"弱者思维"，遇事就祈求别人和外界帮自己，所有的人都会避开他、远离他。

这就是强者越来越强，而弱者越来越弱的原因。

做人有三种境界

第一种境界是自己没做到,却要求别人能做到。

第二种境界是自己做到了,要求别人也能做到。

第三种境界是自己做到了,不要求别人也做到。

社会上很多人都是第一种境界,自己做不到圣人的标准,却时刻以圣人的标准要求别人。

富人在吃苦，穷人在享乐

过去的穷苦人家，吃的都是缺衣少粮的苦，而现在即便是最底层的人，也基本不会为温饱而发愁了。互联网时代各种精神产品那么丰富，游戏、直播、娱乐节目，应有尽有，可以尽情沉迷，随便放纵。

因为社会已经有足够能力圈养所有的人了，即便是一些没多少钱的人也不需要吃苦了，反而会过得更安逸舒适，天天刷短视频，看看直播和娱乐节目，玩玩游戏，在手机 App 上买买东西，反正也消费得起。

恰恰相反，这个时代轮到富人开始吃苦了。因为一个富人要想实现财富的保值或增长，必须得主动尝试很多东西，主动改变自己的很多习惯，要保持进步，日日精进，付出很多倍的努力才能创造和守住自己创造的财富。

好人难做

这个世界对坏人的要求是十分宽容的。有一句话叫：浪子回头金不换。无论那些坏人之前的罪孽多么深重，如果有一天准备改邪归正了，地位会被大家捧得非常高。

这个世界对好人的要求却是十分严苛的。如果你被称为一个好人，你必须做到完美无缺，大家会把所有的道德枷锁戴在你身上，万一哪天你有丝毫没有做到位，你所做的所有好事都会前功尽弃，甚至被人当成妖魔。

这个世界的好人或英雄，天生就要接受更多的磨难。

换位思考

男人们说：一个国家的女性的水平，决定了这个国家的整体水平。

首先，如果这个国家的女性素质和觉悟都很高，就能够教育出高素质的孩子。

更重要的是，男性很容易被女性的价值观所引导。

比如，如果女性追求精神和灵魂，男性为了适应这种需求，一定会变得更智慧。

而如果女性眼里只有钱和物质，男性就只顾拼命去挣钱，而忽视了精神的修炼。

因此，女性强，则男人强，则国家强。

女人们则说：你们不要这样甩锅，明明是一个国家的男性的水平，决定了这个国家的整体水平。

为什么呢？

首先，如果这个国家的男性素质和觉悟都很高，那么社会的整体风貌就会奋发向上。

更重要的是，女性很容易被男性的价值观所引导。

比如，如果男性追求内涵和心灵美，女性为了适应这种需求，一定会去丰富自己的内在。

而如果男性眼里只有年轻漂亮，女性就只能拼命地去整容，而忽视了修养的提升。

因此，男性强，则女人强，则国家强。

到底是男人出了问题，还是女人出了问题？

如果男人只从男性的角度看问题，或者女人只从女性的角度看问题，都会认为是对方出了问题，结果就是大家互相指责。

唯有站在对方的角度来看自己的问题，才能发现问题出在哪里。

刚柔并济

每一位成功的人,都有一个柔软的壳和一个坚硬的核。

柔软的壳,就是跟世界和平相处的能力,能理解每一个人,可以"降维沟通",随时"向下兼容",不容易被戳伤,并且不轻易刺伤别人。

坚硬的核,就是明确自己的核心竞争力,坚守自己的核心价值观,时刻被他人需要,并且知道自己需要什么。

一个软壳再加一个硬核,刚柔并济,才能在社会上立于不败之地。

初 心

一个人只要初心是好的，所有的手段都是好的结果。

一个人只要初心坏了，所有的好手段都会是坏结果。

因此手段不分好坏，关键看使用的人有没有问题。

如今这个时代，很多人总是在宣称自己的商业模式多么合理、合法、合情，殊不知这根本不是关键，关键在于他们的初心出了问题，他们总是想尽快地搞到钱，捞一把就走，这种心态下滋生的手段和模式，无论其中有多么精巧的设计，都会给社会和他人造成巨大破坏，必遭天谴。

"害人之心不可有，防人之心不可无"，我们不仅要避免害人的初心，更要保证自己有不被人害的能力。不去害人是一种人品，不被人害是一种能力，两者缺一不可。

一个是防我之心，一个是防人之心。做人更难的不是防人，而是防我，我们总是对外界的欺骗充满警惕，却对自我的底线疏于防范。

不忘初心，方得始终。

值 钱

当一个人足够值钱的时候,所有的衣服都只是陪衬;
当一个人不值钱的时候,就只能用值钱的衣服陪衬。
因此,有的人,需要穿奢侈品和大牌才能自信;
而有的人穿得非常普通,却总被人认为很尊贵。

平 庸

人性里有一种对"尊严"的自我保护机制。但凡接触到外界那些超过自己的优秀的人，我们会感到惊慌失措，大脑里就会收集一切线索去证明别人的成功是侥幸的，认为如果自己有同样的客观条件，只会比他们更好。

就像上学的时候，我们热衷于讨论学习好的人都是书呆子，漂亮的姑娘往往没大脑；长大之后则变成了：同事升职是因为会拍领导马屁，同学创业成功是因为家里给了巨额的资金支持。

为了逃避身边人变好的结果，我们都喜欢把那些变好的人拉下马，踩在脚下，去践踏他们的光环，以此获得心理上的满足。

仿佛只有这样，才能证明自己的庸俗不是孤立的，并为自己的"不成功"和"生活在底层"找到理由。

人啊，宁可证明别人的平庸，也不愿意面对自己的平庸。

第三章

关系界限

内　观

　　人一旦清楚了内心的阻碍，就能超越现在的自己，成为更好的自己。

○○●○ 关系界限

内心的阻碍

以前，我总把人生的重点放在确立清晰的目标、制定周全的计划、安排详细的日程这些具体执行层面的事情。如今，我终于恍然大悟，这些都不是关键，我一直在缘木求鱼。

我发现，真正阻碍我的不是能力、时间、方法、步骤，而是我内心始终不敢直面的东西，我总是见到它就躲避，比如自卑、偏见、情绪化、狭隘、无知、自私等。

是内心深处的缺憾让我一直无法抵达彼岸，现在我必须直面它们，接受它们，否则我一直是在瞎折腾。

人一旦清楚了内心的阻碍，就能超越现在的自己，成为更好的自己，就可以抵达自己的彼岸，这时的人不再需要任何鼓励和支持，更不需要提供什么优良的环境，就可以走向自强。

先搞懂自己，才能搞懂别人

一个人只要学会了"内观"，就很容易破除内心的执念和障碍，然后战胜自己，成为一个无敌的人。一个人只要能把自己看清楚，就能把世界看清楚。搞懂自己之后，才能真正搞懂别人，很多时候我们看不清别人，就是因为我们看不清自己。

内观，就是看清自己，然后改变自己，这是一个痛苦的过程，因为需要直面自己的种种缺点，而且要一个个地去解决。这些问题都是切实的，需要一个个去解决，然而很多人根本没有这个耐心和修养，于是本能地逃避了。

这些人逃避之后，反而整天叫嚣着去改变世界……毕竟这件事挺容易的，嘴上说说就可以了。世界上有很多这样的人，他们看起来志向远大，每天都在叫嚷要改变世界，要去利他，要去成全众生，却从未想过要先改变自己，这就是最大的可悲。

他们对自己的问题视而不见，却口口声声标榜自己远大的"理想"，他们舍近求远、信口开河。所谓的"改变世界"也好，"利他"也好，其实都只不过是一种逃避现实的借口。

○○●○ 关系界限

先搞定自己，才能搞定别人

读了那么多年圣贤书，我忽然开悟：原来古今中外许许多多的经典书籍讲的全是同一个道理：做人必须先搞定自己，才能搞定别人。

比如《孙子兵法》说：昔之善战者，先为不可胜，以待敌之可胜，不可胜在己，可胜在敌。意思是，真正会打仗的人，都是先让自己成为一个不可战胜的人，然后耐心等待敌人露出破绽。也就是说：我们必须练好内功，伺机而动。不失误即为战神，以不变应万变，恒强。

比如《道德经》说：知人者智，自知者明。胜人者有力，自胜者强。意思是，只有做到自知，并且战胜自己的人，才是真正的高手，才可以铲除世界上的一切困难。

《心经》开篇第一句：观自在菩萨。观自在就是观自己，自己彻底放下了执念就是自在，这时的自己就是菩萨。

《金刚经》的要义：应无所住而生其心。意思就是当一个人放下了所有牵挂和执念，这时才能看到真实的世界，活在真相里。

王阳明的心学说:"此心光明,亦复何言?"他从小就立志成为圣贤,长大后为了能开悟,盯着看竹子慢慢生长,几天几夜不合眼,差点晕倒,没有成功……后来他才恍然大悟,人的眼睛不应该往外看,而是应该往内看,看自己的内心,很快就开悟了,这就是"龙场悟道"。

禅宗认为:明心见性,见性成佛。明心见性就是见到自己本来的真性,明本心,见不生不灭的本性。此乃禅宗悟道之境界。

《六祖坛经》的思想精髓:心平何劳持戒,身正何用修禅。如果能把心修好了,还需要持戒吗?换句话说,即使你每天吃素,但是心性依然未开化,持戒又有什么用?同样的逻辑:如果你能把人做正了,还需要坐禅吗?换句话说,即使你每天坐禅,但是行为依然混乱,那坐禅又有什么用?

《周易》的核心理念:自强不息,厚德载物。其实就是告诉我们永远都要靠自己,把自己搞好了,一切外物都来了。

○○●○ 关系界限

审视自己，审视他人，审视世界

当我们真正开始审视自己的时候，就会忘掉他人和世界，跟自己对话。如果一个人连审视自己的勇气都没有，那么他审视的他人和世界，往往都是虚妄、欲望和逃避。

我们都有两只眼睛、两只耳朵、一张嘴和一个鼻子，但是没有一个器官是对着自己的，都是朝向别人，因此当我们遇到问题的时候，往往第一时间想到的是别人的问题、环境的问题。

一个人开悟的标志，就是让这些器官朝向自己，把别人当成我们的镜子，来映射自己的内心。我们发现别人有需要改变的地方，其实是自己某些方面做得不足。

凡事从自己身上找原因，这种人将一天比一天强大。遇事先找别人的问题，这种人永远不能进步，永远都在抱怨别人。这就是人生最大的执念，它让我们不断地惹是生非，这也是痛苦的根本。如果你的内在一直在成长，那么你终有一天会破土而出；如果你总是期待外来的各种机会，那么你只会被埋得更深。

人生成长的真正顺序

小时候,觉得自己长大一定能成为大英雄,可以改变世界。

长大了,发现自己改变不了世界,于是整天想着去改变别人。

而后来,终于明白了一个道理:人生能改变的,只有自己。

原来这才是人生成长的真正顺序:改变自己,改变别人,改变世界。

如果小时候就能明白这个道理,先从改变自己开始,让自己通过学习和成长变得更强大,然后再努力地帮助别人成长,改变身边的每一个人,进而或许真的可以改变世界。所以,改变世界从改变自己开始。

○○●○ 关系界限

人生的三次成长

第一次,发现自己不是世界的中心。

第二次,发现自己并不能改变世界。

第三次,认清世界后依然热爱世界。

修行的道场

人生就是一场修行,道场不是寺院、不是山林,而是每一个当下。

如果你的婚姻有问题,爱情就是你的道场。

如果你和领导发生矛盾,职场就是你的道场。

如果你觉得人生很无聊,生活就是你的道场。

如果你找不到人生目标,定位就是你的道场。

如果你身患重症,生死就是你的道场。

道场在你的每一个受难处。

神仙都要渡劫,何况我们这些普通人?

过去了,你就得道了。

过不去,这就是你的天花板。

向内求，向外修

所谓向内求，就是当我们有所求的时候，要明白在关键时刻只有自己才能救自己，只有自己才能给自己答案，别人只能给自己一个指点或者启示，最终拯救自己的还是自己。求人不如求己就是这个道理。

所谓向外修，就是当我们想修行提升的时候，要借助他人才能修自己，而不是把自己封闭起来谁也不见，甚至跑到深山老林里躲着。红尘俗世就是最好的修行场所。

绝大部分人都搞反了，有困难的时候总是先想着去求别人，想修行提升的时候，第一时间就想跑到深山老林里。

求人不如求己

每次重大节日，对穷人来说都是一次大消耗，因为需要各种买买买，然后各种送礼和收礼。

而对富人来说，每次过节都是一次收割穷人的机会，因为他们可以制造各种概念，让穷人忙得不亦乐乎，还能乐在其中……

如果我们去观察那些过于追逐"仪式感"的人，或者是对各大节日执念太重的人，会发现这些人基本上都是外求主义者，他们往往没办法给自己安全感、存在感、幸福感，所以严重依赖外界和别人，需要通过各种仪式来给自己制造这些感觉。

比如说那些一定要通过结婚纪念日，用爱人的表现来验证对方是不是爱自己的人；比如那些喜欢通过炫耀节日礼物，来证明自己有多好的人。

有句古话叫"求人不如求己"，这句话非常有道理。只有当一个人发现自己才是自己的贵人，只有自己才能帮自己的时候，他就清醒了，活明白了。

世界就是那么有意思：当一个人实现了自我圆满，完全可以独立发展的时候，所有的人都来帮他；相反，当一个人总是在外求，遇事就祈求别人和外界帮自己，所有的人都会避开他、远离他。

因为人们都喜欢锦上添花，不喜欢雪中送炭。

通过别人看清自己

把别人当成自己的镜子,照见自己。

人人都长着一双眼睛,但是这双眼睛是向外看的。几乎人人都相信自己的眼睛,相信自己的感觉和判断,而且往往只相信某一刻的现象。于是容易把假象当作事实,从而产生傲慢和偏见。这就是人与人之间不断起争执、生是非、造诸罪业的根本。

当局者迷,旁观者清。我们要"以铜为镜,以正衣冠,以人为镜,照见自己的内心",这面镜子就是"反观自照的能力"。

《金刚经》说:凡所有相,皆为虚妄。若见诸相非相,则见如来。意思是我们所有直接看到的,都是假象,如果能穿透这些表象直接看到其本质,就见如来了。

古诗云:尽日寻春不见春,芒鞋踏破陇头云。归来笑捻梅花嗅,春在枝头已十分。又有词云:众里寻他千百度,蓦然回首,那人却在灯火阑珊处。人生需要的就是这样一个回首,一个顿悟。

关系界限

卑微时学会低头

当你卑微的时候,要离众人远一点,因为你在人群里也是自讨苦吃。也千万不要再去劝别人,因为你说的话也没什么分量。

卑微的时候,就默默地自己努力好了,不要标榜自己的努力,也不要展露自己的理想,因为这只会成为别人的笑料。

哭的时候没人哄,你学会了坚强;怕的时候没人陪,你学会了勇敢;累的时候没人靠,你学会了自立。

等到成功的时候,再把酒言初心吧!那时大家才能真正听进你的话。所以,在你没成功之前,就要学会低头,这不是认输,而是看清自己的路。

人生快乐的根本

你怕的越多,欺负你的人就会越多;

你什么都不怕,反倒没人敢去欺负你。

你人太好,别人就想来占你的便宜;

你横一点,反倒他们都过来讨好你。

越是脾气好的人,越容易被欺负;

越善解人意的人,越容易受委屈。

你越温柔,世界对你越凶狠;

你越凶狠,世界就变得温文尔雅了。

最后的总结:

人生快乐的根本,就是不要让任何人道德绑架你。

做人不求全，做事不求多

如果每个人都得喜欢你，你得装成什么样？

如果每个人都得在乎你，你得累成什么样？

如果每个人都能理解你，你得普通成什么样？

如果你能接纳所有的人，你得懦弱成什么样？

如果你能喜欢所有的人，你得虚伪成什么样？

如果你能成全所有的人，你得委屈成什么样？

所以，做人不求全。

同样道理：

如果每件事都在做，你得无聊成什么样？

如果每件事都要做，你得慌乱成什么样？

如果每件事都能做，你得平庸成什么样？

所以：做事不在多。

人对了，一切都对了。

事对了，一件就够了！

一个人成熟的标志

一个人成熟的标志,就是明白了以下七句话:

人生真正的贵人是自己。

人生真正的朋友是自己。

人生真正的敌人也是自己。

人生最美好的事,是遇到了最好的自己。

人生最大的胜利,是成功地战胜了自己。

人生最大的幸运,是学会自己拯救自己。

爱情的最高境界,就是自己爱上了自己。

关系界限

不必向别人解释自己

世人最难过的一关,就是总向别人解释自己。

想象一下,如果有一天你被误抓进精神病院,你该如何证明自己是正常人?

那时你所有的解释说明都是苍白的,你唯一能做的就是该吃就吃,该喝就喝,过正常的生活就是你证明自己正常的唯一方式。

因此,只有不试图证明自己是个正常人,才是一个真正的正常人。

想想我们每个人吧,多少人每天都在拼命解释自己。然而,无论你怎么解释,你永远不知道在别人嘴中的你会有多少版本,不知道别人用什么样的方式悄悄诋毁你。

你唯一能做的就是置之不理,更没必要去解释澄清,懂你的人永远都会相信你;不愿意相信你的人,无论你说什么都不会信你。

孤独常伴，唯有内心强大

人生是个大戏台，台下的觉得台上的太可笑，台上的又觉得台下的太可怜。

其实，每个人都站在不同的戏台上，每个人都活在自己的偏见里。你喜欢什么，就会以什么为价值判断；你在什么位置，就决定了你做事的出发点。

人生，不过是此处笑笑他人，彼处又被他人笑笑。涉及利益，就有了互相谩骂、攻击和算计。

人生有时很为难，你混得比别人好一点，别人会眼红，悄悄算计你；你混得比别人差一点，别人就笑话你，瞧不起你。

因此，人生无论成就如何，我们都会变得孤独。

让自己内心变得强大，是应对这个世界最好的方式。

关系界限

下一轮文明的引领者

以遍地的高楼大厦和房地产的成熟为标志,人类这一轮大基建时代已经结束,整个社会的框架结构已经完成。从现在开始,人类发展驶入新的快车道:物质产品得到了极大丰富,科技创新的迭代不断加快,数不胜数的新功能产品让人目瞪口呆,各种传统观念被挑战……

与之相对应的是:人类的精神世界将越来越迷茫,绝大多数人都找不到人生的坐标和意义,只能机械式地竞争和奔波,焦躁、偏激、厌世、消极等各种负面情绪无法避免。

谁能帮助人们找到物质之外的价值和意义,让大家不再外求而是去内求,重新燃起对真善美的向往,甚至能改写"成功"的定义,并且让大家更加有序地生活,谁就是世界下一轮文明的引领者。

总有人能让我们欣赏

其实，你所欣赏的他人的每一个特质，在你身上都有，只不过借助别人显现出来了，这就叫"相似相映"原理。

茫茫人海中，与其说我们在不断寻找值得欣赏的人，不如说我们是在不断去发现自己。

人生最好的朋友是自己。

人生最美妙的事，就是遇到了更好的自己。

凶狠和温柔

你对自己狠一点,全世界都对你温柔;

你对自己很温柔,全世界都对你凶狠。

真正活明白的人都在搞自己;

把自己搞定了,就把别人和世界搞定了。

陪伴自己

很多人的时间分为三份：

第一份是陪客户、陪领导。

第二份是陪家人。

第三份是陪自己。

一个人越成功，他的时间越向后两份倾斜。奋斗的本质，就是为了把第一份的时间，转移给后面两份。比如我们努力赚钱，就是为了有更多的时间陪孩子和家人。

而人生最难的事情，就是可以"陪伴自己"。陪伴自己，听起来很简单，实际上却非常难。绝大部分人劳碌了一辈子，都是为别人而活，为家人而活，却从未为自己而活。

试想一下，我们拼命地赚钱，赚了那么多钱，有多少钱是花在自己身上的？我们一生又能花多少钱？

陪伴自己，首先，你要懂自己。我们花了一辈子去研究别人，想搞懂别人，却很少有人能搞懂自己。

其次，你还要做自己。绝大部分时候，我们都在扮演各种角色,我们是老板,是领导,是员工,是爸爸,是儿子,却很少是"自己"。

也就是说:只有我们尽了一切社会义务的时候,我们才有时间做自己,才有资格做自己。

做自己,才是世界上最奢侈的事情。

世上最浪漫的事,是遇见了最好的自己。

爱情的最高境界,就是爱上了自己。

珍惜拥有

每个人,都在追求相反世界的东西。

因为相反,所以我们穷追不舍的东西,往往在别人那里是举手之劳。

于是,求而不得成了人生的基本状态。

这是很多人痛苦的根源。

我们都是远视眼,总活在对别人的仰视里;我们也都是近视眼,往往忽略了自己的幸福。

兔子娇小,但从不羡慕牛的高大;雄鹰高飞,却从不蔑视燕子的低回。

你拥有的都是你自认为不起眼的,却是别人孜孜不倦的追求。

我们不知道:自己在欣赏别人的时候,恰恰也成了别人眼中的风景。

不用羡慕别人,你的幸福就在当下,就在你这里。

你拥有的一切东西,并不是为了取悦你而存在,你若不珍惜它们,它们会随时离开。

抽离感

人生最珍贵的能力，是在外界的指点和启示下，有一天忽然醒悟过来，发现自己之前的认知都是错误的，都是在自以为是，瞬间开始重新审视这个世界。

这时你将拥有一眼看穿事物本质的能力，能对世事和人心抽丝剥茧，一切表象在你面前都如梦幻泡影，你将看到更加真实的世界。

这个能力被道家称为"得道"，被佛家称为"开悟"。一旦拥有了这种能力，你就会格外淡定和从容，同时还有了一种创造力，可以从无到有，从 0 到 1。

这就像玩游戏，有一天你忽然发现自己根本不是游戏里面的主角，而是玩游戏的那个人。

拥有这种能力之前，是"我在活着"，拥有这种能力之后，是"我看着我在活着"，这就是一种抽离感，可以随时从高维看自己，观察自己的一言一行。

利 他

只要一个人还在处处强调"利他",说明他还没有真正做到"利他",心里想的还是自己,因为他还在区分"我"和"他",这就是佛家讲的"分别心"。

那些真正做到"利他"的人,不会一直叫嚣"利他",因为他内心对"自己"和"他人"没有了区分。他只会默默地去做利于别人的事,而且他认为这样做是在帮自己,是正常且合理的,根本不值得强调和炫耀。只有当一个人实现了自我圆满,完全做到爱自己,爱满则溢,然后才能真正地对别人好,才能做到"利他",才能学会爱别人,爱世界。

如果一个人内心是残缺的、匮乏的,怎么可能为他人着想呢?他们所谈的"利他",只是为了求关注、求赞同、求表扬,为了弥补内心缺失的存在感。即便这些人也愿意去付出,但是由于内心的匮乏,每付出一分甚至想要十倍的回报,你的回报稍微迟缓一点他们马上就委屈了、愤怒了……说你不懂感恩,偷偷骂你不识抬举。

那么为什么那么多人都在叫喊着要"利他"呢?这才是真正的利己主义,他们打着为你着想的幌子骗你上当。

关系界限

期　待

人痛苦的根源在于对世界和别人有期待。

一个对自己要求越低的人，对别人的要求就会越高，当发现别人不能满足自己的期待，就会陷入痛苦之中。

而一个对自己要求越高的人，对别人的要求就会越低，从而对别人的期待值较低，这是一个人快乐的根本。

当我们实现自我圆满的时候，就会很少再对外界和他人有期待，从此远离了人间很多痛苦。

世上本无事，庸人自扰之。

众生皆苦，唯有自度。

内 核

很多人没有强大的内核,因此只能苟活于世,只能随波逐流,最终活成了模子里出来的模具,生活在绝望的平静里。

世界上只有少数人能够活出自我,因为他们的内核足够强大,这种内核衍生出核心竞争力,衍生出清晰的定位和目标,衍生出强大的能力去保护自己的天真和真性情,他们才有资格做真实的自己。

独 立

强大的人都成了完整而独立的个体。一个人只有实现了人格独立和经济独立,才有资格谈爱情、亲情、友情。

"友善的孤独者"

你是不是这样一种人：

待人接物非常友善，但总喜欢独来独往。

你平时不会和别人冲突，包括口角和行动上的，可以妥善处理和每一个人的关系；但是大部分时间你都喜欢独处，很享受一个人的时光。

然后，你可能给自己贴上了"社交恐惧症"的标签，其实你是"友善的孤独者"。

对人友善是修养，独来独往是性格，两者并不冲突。

独来独往并不意味着你不善于社交和表现，相反你可以很自如地切换到侃侃而谈的模式，只是你对成为一群毫不相干的人眼里的焦点这件事失去了兴趣。

你平时与人为善，能理解大多数人的行为，但并不去附和他们，不想被讨论，也不想去看别人的热闹。

你虽然很温柔，但不向每个人展露，当然也不是每个人都能读懂你的温柔。所以你选择只对极少数人温柔热情，剩下的大多数人，你保持礼貌和理性。

○ ○ ● ○　关系界限

"外向的孤独者"

人性有一个基本需求,就是需要周围的人对自己有一种认同感。所以一般人都需要通过社交展示自己,这其实也是内心弱小的表现。

对于内心强大的人来说,他们已经不需要从周围的人那里获得认同感,他们更需要的是自己对自己的认同。所以他们不再外求,宁可去内求。独处就是一个人开始内求的表现。

还有一种人,则属于"外向的孤独者"。他们对外总是表现出一种活泼开朗、善于交际的状态,总给大家带来各种快乐。但每次曲终人散之后,他们就会进入一种落寞的状态。

实际上他们嘻嘻哈哈的外在是一种假象,恰恰是为了掩饰内心的孤独。想想下面两种情况:

某次会议上:

你知道自己不喜欢他,你也知道他不喜欢你。你也知道他知道你不喜欢他,他也知道你知道他不喜欢你。但这并不妨碍你们在一起谈笑风生。

某次聚会上：

你明知加了他微信后也不会联系，他也知道加了你微信后不会再联系。你们都知道以后最多只是点赞之交，但这并不妨碍你们拿着手机互加微信好友。

这就是现代人社交的写照。

人前凑热闹，转身话凄凉。

人越孤独，越喜欢把自己变得忙碌。因为忙碌可以让一个人短暂地逃避落寞。

○○●○ 关系界限

道不同不相为谋

独来独往并不代表着孤单，反而更容易让一个人放飞内心；同样的道理，在人群中热热闹闹也不代表你被认同，那更像是一种外在的喧哗。

有句歌词很形象：孤单是一个人的狂欢，狂欢是一群人的孤单。

我们还发现一个社会发展规律：之前由于受区域和条件的制约，每个人所处的圈子往往是离自己最近的一帮人，比如同事、同行、同学、亲戚等。

而随着互联网的发达，我们的圈子不再受现实条件和区域的制约，那些有共同语言、志同道合的人越来越容易聚集到一起了，尽管你们可能是完全不同的行业，甚至你们天各一方，但是同样的"认知"和"三观"的契合使你们互相吸引。

所以我们在开会或吃饭的时候，经常发现有的人一直抱着手机聊个不停，却对面前的人视而不见，这其实根本不是什么"手机病"，而是意味着他对这个"眼前人"毫无兴趣。这就是互联网发展的结果,也是人类文明进步的表现。

因此,当你看到一个人总是独来独往,并不意味着他没有自己的交际圈,而是因为你没有进入他的交际圈。

尽管你们离得很近,但你们仍然是两个世界的人。

关系界限

警惕依赖

拥有独立精神和独立思考能力的人,很容易获得加速成长的机会。

自助者,天助之。当一个人发现一切都需要自己来给予自己的时候,他就开悟了。

无论在什么情况下,只要你产生了依赖,你就需要警惕了。因为依赖就意味着不公平的关系。不是价值交换的关系都是不公平的关系。大家要记住一句话,这个世界上只要有不公的地方,就会在另外一个地方,或者以另外一种形式补偿回来。越多依赖,就会越快加速变味。

那些刚开始口口声声说爱你的恋人,到了一定阶段往往会要求你做这做那,或者不能去做什么,这就是一种变相的补偿。

人间无数的悲剧,都是由此引发的。

完整独立的个体

未来社会的基本单位将不再是企业,也不是家庭,而是"个体"。

强大的人都成了完整而独立的个体。一个人只有实现了人格独立和经济独立,才有资格谈爱情、亲情、友情。

未来婚姻将消失,但爱情永在;未来家庭也将消失,但亲情永在。

我们的感情再也不必被这些外在形式捆绑,社会将变得越来越纯粹。

○○●○ 关系界限

不必纠正他人的错误

我们往往有一个执念,总是试图纠正别人的错误。我们苦口婆心地给他们讲很多道理,表面上是为了别人好,但是好心未必就能办好事。

任何试图救赎或者驯服别人的行为,都需要付出代价。每个人都有自己的修行,我们不能打乱别人的节奏和路线。让恺撒的归恺撒,让上帝的归上帝。一切都是自己修出来的,大家各按其时,各安其事就行。

不再期待别人能理解自己

总是渴望遇到真正懂自己的人,这是人生最大的执念。

我们必须明白一个道理:没有任何人能完全理解你。

人生苦短,每个人都需要深度理解自己的人,需要知己。

但是请记住,世界上没有任何人能完全理解你,除了你自己。

包括你的爱人,你的父母,你的兄弟姐妹,你的发小和闺蜜等,他们也只能是一种生活陪伴,请千万不要寄托太多期望,将关系维系在一定距离,是最好的选择。

一个人真正成熟的标志,就是不再期待别人能理解自己。

否则,就只能迎来一次又一次的失望。

界限感

越落后的社会人们越抱团。比如原始社会,人们必须团结起来才能抵抗猛兽侵袭,但在越发达的社会,人们越独立。

生产力越发达,人与人的界限感就越明显。

曾经有这样一个问题:为什么很多人开车回到家,喜欢在车里独坐一会再回家?

有人说:开车太累了,需要休息一下。

有人说:需要抽根烟缓解一下一天的压力。

有人说:不喜欢自己的疲惫被妻儿看到。

有一个答案,获得了无数人的点赞:在迈进家门的那一刻,你是父亲,你是儿子,你是丈夫,你有满身的责任,唯有独坐车里的那一刻,你是你自己,那才是属于你自己的世界。

是的,我们无论多么忙,都需要喘一口气的时间,然后鼓起勇气,坚持到下一次喘息的时刻。只要稍有歇息,我们就能重整面对生活的勇气和信心,这就是活着。

即使走入婚姻,我们依旧希望保持界限感。即使有了家庭,我们依然需要自己的世界。即使满身责任,我们依然需要时间做自己。

评 价

一等人评价自己。

二等人评价别人。

三等人评价别人的评价。

四等人活在别人的评价里。

关系界限

成　熟

世界上所有美好的关系，只发生在成熟的个体之间。爱情、友情、亲情、合作关系都是如此。

所谓成熟的个体，也就是实现了三个独立：财富独立、人格独立和精神独立。

一个人在成熟之前，只有一个任务：那就是让自己走向成熟，否则是没有资格跟他人构建关系的。

当双方有一方不成熟，就需要另一方去担待。这是依赖型的关系。被依赖的一方一旦因为主观或客观的原因，被放弃照顾的时候，就惨了。

当双方都不成熟，那就是互相伤害。多少夫妻耗尽一生的精力给对方打差评，而且还咬牙忍受对方的身心折磨。

很多人受伤之后满大街地哭喊，却始终不明白一个道理，人在不成熟之前，建立的一切关系都是错的，每个人都将为自己的不成熟而买单。

改 变

一个人成熟的标志，就是明白自己无法改变任何人。

无论你多么真心地想帮助别人，无论对方跟你的关系多么密切，无论他多么需要你的帮助，你都必须明白这个道理：你无法改变任何人。除非他自己发自内心地想改变自己，然后你也能起到一个推动作用，或者给对方一个启示。

请记住：能改变自己的，永远只有他自己。

甚至包括你的父母，你的兄弟姐妹，虽然同在一个屋檐下，但当你想改变他们的时候，你照样有心无力。除非对方忽然有了强烈的改变意愿，你才可以小心翼翼地帮助他们改变，但是在改变这件事上，当事人永远是主角，我们只是配角。

如果对方根本意识不到自己的问题，请千万不要主动热心地帮他们改变，因为好心未必有好结果。你所能做的，就是让他们认为你是好心的、善良的、热情的，甚至你要学会附和他们。

人各有志，人各有路。

别人的路你改不了，自己的路自己走好。

真 爱

真爱只发生在两个成熟又独立的个体之间。

既独立又结盟，才是最好的关系

拥有独立精神的人，在各方面都比较容易快速成长。这种独立并不是"得不到、被孤立后的不得已"，而是顶天立地依靠自己，丝毫不影响跟别人做朋友。

不指望别人给的，如果给了，算是惊喜。独立是垂直扎根于地面，先垂直才有拓展。因为不论你依赖的人跟你是什么关系，只要是依赖，你就会不停地需要他的回应和喂养，否则就会产生恐慌。

对于自己所依赖的，一定要保持警醒，因为依赖越多，关系越快变味。

马克思说：人是一切社会关系的总和。一个人越独立就越具备合作的基础，也越能经营好各种社会关系。

未来的世界将越来越残酷，无论恋爱还是婚姻，最佳的另一半，是你人生战场上的盟友。两个人既能保持独立又能结盟，才是最好的关系。

我们一定要保持自己的独立性，包括人格的独立和经济的独立，才有资格谈爱情、亲情和友情。

关系界限

世间所有的好关系，一定要先谈钱

什么是好朋友？什么是好爱人？什么是好老板？

一个最简单的标准就是能开诚布公地谈钱。

这个时代越来越敞亮，大家就不要再遮遮掩掩了。

钱在哪里，心就在哪里。

作为一个老板，给一个温饱还没有解决的员工大谈理想是一种不道德的行为。

作为一个男人，给一个经济还没独立的女人大谈浪漫主义也是不道德的行为。

那些张口就是道德和情怀的人，往往都用这个标准挟持别人，然后悄悄实现自己的利益。

和人谈钱，往往会把人锻炼成狼。

而和人谈感情，往往会把人养成白眼狼。

因为靠感情维持的关系，一定会互相依赖，到最后就是互相记恨。

没错，谈钱的确庸俗，但生活的本质就是需要直面各种庸俗。所谓浪漫，就是要把各种庸俗变为美好的过程。

钱不是成功的全部，但很多时候只有涉及钱，才能看见一个人的真心。

一个连钱都不好意思谈的人，说明你们还没交心。

愿意和你谈钱的人才是真的爱你，才有可能给你一个美好的未来。

钱的问题解决了，人性里美好的一面都发挥出来了，积极、上进……

钱的问题不解决，人性里阴暗的一面都暴露出来了，比如自私、推诿……

怎么建立高品质的关系

任何一段关系的建立,最核心的要点都是与人"共情"的能力。

双方在接触过程中,需要先有一方袒露自己内心的脆弱,这时对方要能捕捉到那个点,给予深刻的理解和共鸣,然后也能袒露自己的脆弱,让对方照见自己。

就在那一刻,彼此都被对方看见了,两个灵魂相拥了。

就在那一刻,彼此都被对方看见了,感情迅速升华。

人生在世,能遇见深度看见自己的人,或者能遇到被自己深度看见的人,都是极度幸福的,这就是爱。

恋爱是情感组合，婚姻是价值组合

越相似的两个人，在见面的时候更容易有一见钟情、惺惺相惜的感觉。因为两个人太相似了，以至于很容易理解对方的不容易，也容易欣赏对方的长处，因为那也是自己的长处。

与其说喜欢上对方，不如说是爱上另一个自己。但是当两个人开始慢慢接近，就会发现大家都给不了彼此所需要的，而且双方很容易走向极端，最后甚至兵刃相见。

而互为克星的两个人，在见面的时候很容易互相排斥。

因为对方恰恰是自己的对立面，但是两者一旦开始慢慢接近，就会发现越来越融洽，因为两个人只要能互相包容，就很容易各取所需，从而成为价值组合。

谈恋爱可以找相似的，婚姻最好找互补的。

恋爱是死去活来，是惊喜连连；而婚姻是柴米油盐，是平淡如水。

最佳的另一半，是你人生战场上的盟友

女孩必须明白的一个道理：那些对你嘘寒问暖，半夜给你买夜宵的男人，都只是一种泛泛的付出，早已经不算有什么了不起了。

包括那些能给你满口的承诺，满屋子节日礼物的男朋友，都不是这个时代稀有的物种。

因为如今一个女人只要稍微努力一点点，就不再需要这些。

这个时代真正的稀缺，是那些带你打开视野，提升认知，教你控局的男人。

他们愿意跟你降维沟通，同时又能带你升维，带你不断体验人生新的巅峰。

这种男人往往可遇不可求，如果遇到一定要珍惜并且牢牢抓住。

在现实中，多少女孩偏偏为这种泛泛付出感动得死去活来，甚至许下终身。

未来的世界将越来越残酷，无论恋爱还是婚姻，最佳的另一半，是你人生战场上的盟友。

什么是成熟的爱情

它是两个独立个体的相遇、欣赏和支持。

它有两个前提,第一是独立,第二是欣赏。

世界上真爱很少,因为绝大部分个体都是残缺的,包括精神和物质上的残缺。

于是世上大多数的爱情都是两个残缺个体的摩擦与碰撞,然后产生的爱恨情仇。多少人把依赖、施舍、得到、占有当成爱。

爱情不是一个人千方百计地让另一个上了自己的贼船,而是两只独立的小船互相接近然后并肩而行的过程。

婚姻的难点

人有三大需求,分别是:物质,爱情,精神。

物质是柴米油盐,遵循现实原则。

爱情是风花雪月,遵循浪漫原则。

精神是诗词歌赋,遵循理想原则。

这是三个完全不同的东西。

婚姻的困难在于,如何在同一个异性身上体现出这三样东西。

这个时代稀缺的女性特质

男人们必须明白一个道理：

其实，那些对你小鸟依人、撒娇装嫩的女人，包括对你百依百顺，总是把你捧上天的女人，都已经是传统时代的产物，早已不符合未来的时代。

包括那些宅在家里不出门，勤勤恳恳帮你洗衣做饭、带孩子、做家务的女人，也早已不是这个时代最稀缺的能力。

因为只要花钱，这些都可以轻而易举地完成。请个保姆、上门服务等，都可以轻易完成。

这个时代真正稀缺的，是那些能够真正懂你的思想，体谅你的难处，随时走入你的内心的女人。

她既能跟你相敬如宾，也能对你温柔似水；既能与你进行灵魂对话，也能激发你的风趣和幽默；既是你生活上的盟友，也是你的红颜知己。

现实中，多少男人偏偏被那种肤浅的外表所诱惑，对那种善于撒娇装嫩的女人鬼迷心窍。

未来的世界将更加残酷,男人和女人之间的关系也会变得越来越平等。

千万不要再试图找到一个女人,只是为了满足自己的虚荣心和大男子主义。

经常有人说,男怕入错行,女怕嫁错郎。一个女人嫁给一个什么样的男人,很大程度上决定了这个女人是否幸福。

如今这个时代,女人最好不要嫁给一个"妈宝男",否则很可能会悔恨终身。

那么什么是"妈宝男"呢?

他们是身体已经长大,但是心态还停留在婴儿时期的男人。他们内心脆弱自卑,但为了掩盖这种自卑,又时时向外界耀武扬威,时刻都在证明自己的强大,生怕别人看不起他们,所以成了大男子主义。

究其本质,是因为他们没有真正地成长,或许是因为一直被庇护,或许是因为一直没有独立地面对世界,所以他们需要严重依赖于别人的保护,包括老婆、父母等。当然,这也给那些庇护他们的人带来了各种烦恼。

很多女人由于认知的不足,常常在刚刚接触这种男人的时候,把这种男人当成宝,当成潇洒,也因此许了终身。

所以,人的很多痛苦都是自己的认知造成的。现在流的泪,都是当年脑子里进的水。

恋爱和婚姻、友情和爱情的区别分别是什么

恋爱的本质是情感交换。

婚姻的本质是价值交换。

友情经不起考验，经得起平淡。

爱情经得起考验，经不起平淡。

○○●○ 关系界限

女人要过"情"关，男人要过"欲"关

女人这一辈子最需要过的一关是"情"关。只有过了情关的女人，才能真正幸福地生活。

男人这一辈子最需要过的一关是"欲"关。只有过了欲关的男人，才能真正地做到无敌。

女人无论赚多少钱，只要不过"情关"，一辈子都会为情所困，为情所累。

因为女人往往都是重感情的，普遍感情用事，过情关的意思并不是从此就变得无情了；相反只有过了情关的女人，才能真正理解人间一个"情"字，才能真正体验"情"带来的愉悦感。只是从此不再对他人有执念，随时拿得起放得下，幸福完全掌握在自己手里。

男人无论多有成就，只要不能过"欲"关，一辈子都有软肋和弱点，被人拿捏。

因为男人往往都擅长逻辑思维，普遍冷静理性。他们天生有过"情"关的能力，但普遍难以抵抗各种诱惑。"欲"关主要包

括对名利的欲望、对女人的欲望、对权力的欲望。过"欲"关并不是从此没有欲望了,而是可以驾驭自己的欲望,而不是被欲望驾驭,成为欲望的奴隶。所谓"无欲则刚",只有驾驭了自己欲望的男人,才能做到可收可发,才能做到无懈可击。

○○●○ 关系界限

长期关系中外表优势不断衰减，内在优势不断递增

一个人的外表优势，只有在陌生人眼里才能体现出来，或者在不熟悉的关系中才能发挥作用。

举个例子，在父母眼里，孩子的外表总是被忽视的，孩子的性格和能力更被重视。无论外人怎么夸自家孩子漂亮，父母总是不断地在能力要求上对孩子加码。

再比如，夫妻相处超过一年之后，老婆无论多么漂亮，老公都不会特别关注，反而是老婆的性格和能力更被重视。

因为外表上的审美是有疲劳的，任何一样惊艳的东西在自己身边时间久了，都会变成一种平淡。

两性关系中，两个人初次相见时外表占据巨大优势，但是只要两个人在一起了，外表的作用就会慢慢失效，秉性发挥的作用会越来越大。

很多年轻人因为外表的互相吸引而在一起了，但是相处一段时间后就会分手，现实中的例子数不胜数。因为当新鲜感过去之

后,就没有其他东西可以维持两人的关系了。

一个女人要想留住一个男人的心,只在外表上下功夫是没用的,必须在内在上不断下功夫,真正地走入他的内心,陪他一起成长进步,成为真正的伴侣。

创业和婚姻都分为两个阶段

无论是创业还是婚姻,都分为两个阶段:

第一个阶段是从 0 到 1,这个 1 就是自己,这是一个找到自己的过程。

第二个阶段是从 1 到 N,这个 N 就是别人,这是一个寻找合伙人或者另一半的过程。

大部分时候我们都是在找别人,却始终没有找到自己。

世界上最长的路,就是寻找自己的路。

我们总是对别人充满期待,却总是忽略了自己的成长。

如果不能找到自己,就很难找到对的人。

找到自己,搞定自己;找到别人,搞定别人。你就成功了。

紅門

第四章

商业逻辑

熵增定律

人的价值就是为了使各种系统不断地从"无序"变成"有序"。"有序性"就是世界上一切生命力和效能的本源。

人活着就是在对抗熵增定律

熵增定律是人类不可多得的价值总结。

熵增定律揭示了宇宙演化的终极规律。搞懂了这个定律,就参透了世界的本质。

什么是熵?它是代表了一个系统混乱程度的数值。系统越无序,熵就越大;系统越有序,熵就越小。

任何一个系统,只要是封闭的,且无外力做功,它就会不断趋于混乱和无序,最终走向死亡。生意如此,公司如此,人生也是如此,这就是"熵增定律"。

比如手机和电脑总是会越用越卡,电池电量会越来越弱,屋子会越来越乱,人总是会变得越来越散漫,机构效率总是会越来越低下……

所以电脑和手机需要定期清理垃圾,人要保持清醒和自律,企业要不断调整结构,这些都是为了对抗熵增。

中国有句话叫"家和万事兴",就是因为一个家庭"和睦"的时候,就是熵最小的时候,因为"和"意味着成员之间的默契,甚至是无摩擦的。"以和为贵""天时地利人和",也是这个道理,"和"意味着熵值最小。

为什么我们几千年来都是以儒家思想为主?因为儒家思想可以把社会的熵值减到最小。儒家制定了很多规矩,君君臣臣,父父子子等,彼此不能越位,这其实就是为了让社会"有序"地运转。

为什么我非常看好未来的社会?因为在大数据时代,每个人的行为都将被记录,社会运转的每一个环节都将被提前布局,一切都是规划好的,也因此整个社会的熵值将被大大减小。

人的价值就是使各种系统不断地从"无序"变成"有序","有序性"就是世界上生命力和效能的本源。

对抗熵增的五个方法

对抗熵增有五个方法。

一是保持开放。

无论是对个人还是对企业来说，在没有外力干涉的情况下，其本能都是越来越走向封闭。

对于个人来说，如果没有外力督促，就会活在自己固有的思维里，或者活在自己的偏见里。

叔本华说：世界上最大的监狱是人的思维。如果仔细观察我们过往犯过的那些错误就会发现：绝大多数过失都是我们自己的"思维局限"造成的，所以人的思维和认知必须保持开放，要随时接纳各种新鲜信息，这就是我们思维的兼容性。

对于企业来说，如果没有外界的督促（环境、政策、市场等的改变），就会在固定的模式里循环，逐渐走向守旧。

所以任正非说："我们一定要避免封闭系统，一定要建立一个开放的体系……不开放就是死亡。"华为每年都要淘汰一定比例的员工。很多公司都是这样，没有新鲜血液就会走向沉寂。

未来资源都将变得开放和共享，边界和围墙将被打开，行业、职业、专业之间的界限会越来越模糊，并开始互相越界、穿插和共享。

那些厉害的企业，往往是一个无边界的企业，手握用户资源，击穿不同领域之间的篱笆，建立融会贯通的创新型组织。

同样的逻辑，人的能力边界也将被彻底打开，那些厉害的人往往能够在不同思维路径上找到交汇点，成为一个游离于各种状态之上的人，这就叫"跳出三界外，不在五行中"。

二是终身学习。

学习的本质就是做功，一个系统只要有外力在做功，就拥有了源源不断的能量支持。

巴菲特的合伙人芒格说：我一生不断地看到有些人越过越好，他们不是最聪明的，甚至不是最勤奋的，但他们往往是最爱学习的。巴菲特就是一部不断学习的机器。

这个时代要求我们必须坚持不断学习。计划赶不上变化，变化不如进化，如何保持进化？那就是坚持终身学习。

学习是一种做功，是防止熵增的最好外力，学习可以让我们突破自己的局限。比如很多人说自己不善于演讲，自己不善于表达，自己不善于逻辑推理等，而实际上各种研究表明：人类是可以通过练习、坚持和努力去不断挑战自己的能力边界的。

唯有学习才能突破自己，并且我们要让突破的速度大于熵增的速度。

三是坚持自律。

人在没有外力的干涉下，会不断地走向无序状态。如果我们对生活放任不管，或者放纵自己，那我们的生活就会变得越来越混乱，这就是懒散的结果。

人为什么要自律？因为自律的本质就是要把"无序"变成"有序"。

当然自律会有痛苦，但是这只是当下的痛苦，未来是越来越美好的；懒散则是当下很爽，以后总有一天是要还的。

比如现在短视频那么流行，我们总能轻而易举地享受那些火爆刺激的视频，这让我们陷入一个个短平快的刺激中不可自拔，时间一长就丧失了独立思考能力，丧失了上进心，这会让我们变得越来越慵懒。

互联网是一把双刃剑，一方面给我们提供了各种便捷，但同时又给我们提供了很多浮华的内容，这些内容的设计都是以无限满足人性偏好为标准，人性的各种阴暗面，诸如窥私、八卦、暴力、对骂、凑热闹等都被激发并满足。

从来没有任何一种东西能像互联网这样对人性洞察得如此彻底，并且将大众玩转于股掌之间。我们的文化很容易成为充满感官刺激、欲望和无规则游戏的庸俗文化。

越是在这样的时代，越能凸显自律的重要性。

四是远离舒适。

人生的熵越大，生活就越平衡，我们也就越舒适，但也越接近灭亡。

所以我们要时刻提醒自己，不断走出各种舒适区，不断打破自己的平衡，主动迎接各种新挑战。

挑战的本质就是混乱性和无序性，我们当前主动迎接的挑战越多，克服的挑战越大，未来的生活才能更加有序，才能更好被我们自己掌控。

温水煮青蛙的道理我们都明白，千万不要再幻想岁月静好，这个时代不适合温顺的羔羊，只适合矫健又凶狠的狼。狼从不幻想过上舒适的生活，它们要的是自由，用奋斗争取来的自由。

世界唯一不变的就是变化。未来没有稳定的工作，只有稳定的能力。未来只有一种稳定：是你到哪里都有饭吃。稳定的本质，就是你拥有化"无序"为"有序"的能力，而不是始终躺在那里享受一成不变的生活。

一定要记住一句话：如果你发现生活百无聊赖了，说明你已经趋于平衡了，这时你必须主动打破这种平衡，尽量走向更高维度的和谐，否则你将面临被淘汰的危险。

五是颠覆自我。

人性里有一种基本的惰性：离不开原有的地方，或者习惯于把自己固有的性格、行为路径当作最合理的状态，本能上排斥跟自己不一样的东西。

也因此我们总会变得越来越傲慢、顽固不化,不能对外界事物做出最客观的评价。

综上所述,保持开放、终身学习、坚持自律、远离舒适、颠覆自我这五种方法,是我们对抗熵增的有效方式。

对抗熵增的三种最基本手段

世界上所有的系统(包括生命、企业、国家),之所以能够诞生,是因为它的自身结构能够从外界汲取能量,但是汲取能量(生长、发展、壮大)的过程,也是自己秩序不断被改变(衰老、没落)的过程,结构优势的势能逐渐减弱,也就是"熵增",因此这些系统从诞生的那一刻开始,便不断走向消亡。

所以,所有系统的终极使命就是对抗这一趋势,最好的反抗方式就是不断优化自身结构,使它能够跟外界环境相适应,包括能力结构和性格结构,保持进化,掌握"自律""精进""学习"这三种最基本的手段,否则就会失去生命力。

人的行为有三种境界

第一种境界是为了生活,做不喜欢做的事。

第二种境界是只有做自己喜欢的事,才可以更好地生活。

第三种境界是驾驭各种新鲜事物,不再区分喜不喜欢。

真正的强者,是"无我"的。他们已经没有个人主观感受,他们也没有自己的偏见,对事物不再有喜欢和不喜欢之分,他们能从容地做各种事。

因为做到了"无我",所以就不会跟外界有冲突,因为没有了"我"作为参照,所以也就没有了混乱,一切存在都是合理的。

一旦到了这第三种境界,你就没有任何阻碍。海纳百川,有容乃大。所有的绊脚石都能成为你的垫脚石,会让你攀得更高,看得更远。

这个时代每个人都需要一场对自己的革命,需要把自己推倒重建。

生命不息，奋斗不止

人生就是一场修行。我们所经历的每一件事，我们遇到的每一个人，都是来渡我们的，都是为了把我们推向更加合理的位置，为了让我们的行为路径更加井然有序。

这就是生命的玄妙之处，我们总是试图使自己的处境更加合理，生活更加有序，然而一旦抵达了这种最和谐的状态，我们必须又要马上打破这种平衡，再竭力使自己走向更加高维度的和谐，也就是说我们永远都不能停下来。

商业趋势

《国富论》里有个观点:利润降低不是商业衰退的结果,恰恰相反,这是商业繁荣的必然结果。

赚钱越来越难,是商业繁荣的必然结果

《国富论》里有个观点:利润降低不是商业衰退的结果,恰恰相反,这是商业繁荣的必然结果。

随着商业的繁荣,未来无论做什么,门槛都会越来越低,比如开直播、做短视频、摆地摊等,未来是人人都可以有商铺、有产品、出作品的时代,这也是社会越来越公平的表现。

同样的商品、服务、作品,只要你还有利润存在,一定会有商家卖得比你更便宜;或者一定有平台诞生,上面的东西更优惠。而且消费者比价会越来越方便,永远都是全网最低价最受欢迎,这时就会有人低价抢市场,或者赔本赚吆喝,那么你该怎么办?

因此,未来的竞争会越来越充分,而当竞争绝对充分的时候,一切利润都会无限接近于0,甚至是负利润。

○○○○● 商业逻辑

避免陷入低价竞争的恶性循环

二十年前有句话叫："让天下没有难做的生意。"从此做生意似乎渐渐变得更加简单了，只要有一根网线就可以开张了。然而到今天，我却越来越深刻地发现一个现象：天下似乎没有好做的生意了。因为在平台的主导下，我们陷入了低价竞争的恶性循环。

先以网店改变实体店为例子。网店的出现让开店不需要实体门面了，所以开店的门槛变低了，人人都可以开店，刚开始大家会狂欢，网店遍地开花，但是到了一定阶段，大家越来越深刻地发现一个现实：现在去开网店已经很难赚到钱了，因为同样的商品、服务、作品，只要你还有利润存在，一定会有商家卖得比你更便宜；或者一定有平台诞生，上面的东西更优惠。

也就是说无论你生产的是什么产品，总有价格更低的同类产品出现，假如成本是7元，你卖9元我就卖8元，你卖8元我就卖7.5元，有人甚至6.8元亏本也愿意卖，因为他要利用低价抢占消费者，这就是典型的互联网式的打法，结果就是大家都没有生意做。

未来商家靠"消费数据"赚钱

今后单纯依靠产品和服务很难再赚到钱，必须依靠"消费数据"才能赚到钱。

什么是消费数据呢？

比如用户信息、会员数量、粉丝等。谁掌握了大量消费数据，谁就掌握了主动权。

如今越来越多的商家在用低价商品为诱饵，去掌握更多消费数据，当用户累积到一定程度，就会自然产生盈利模式，比如小米就是这样的一家公司。

首先小米本身的产品性价比都很高，而且设计感非常符合现代人的品位，最关键的是小米根本就不靠产品挣钱，它的产品只是一个链接，是小米用来连接消费者的，当几千万消费者被连接起来之后，就组建了一个生态系统，也就是消费大数据，这才是小米最值钱的财富，从而衍生了很多盈利模式。

现在很火的超市——开市客（Costco）也是这种模式。为什么 Costco 越来越火，而沃尔玛、家乐福、乐购这种传统大型超市先后败走中国市场？因为 Costco 表面上是在经营产品，实际上是在经营会员。它的利润机会来自它的会员费。几乎 90% 以上的美国家庭都有一张 Costco 的会员卡。每年光靠会员费它就赚了上百亿美元。

再比如现在很多书店已经不再靠卖书挣钱了，反而开始带领大家开读书会了。你只要缴纳几百元会员费，组织者就送你几本书，带领大家一起学习。因为把人聚集在一起了，还能衍生出更多的商业模式。

还有，现在很多 4S 店早就不靠卖车赚钱了，而是靠保险、保养、维护、改装、车主活动等赚钱。很多美容店的产品也都是免费送了，但是你要成为他们的会员才行。

也就是说，虽然商家前端的产品没有利润了，但是商家靠后端的服务赚钱了，这也是利润的后延，可以称为商业上的"延迟满足"。

随着社会物质产品的极大丰富，未来很多商家会用低利润（甚至零利润、负利润）的产品去交换"消费数据"，吸引大家聚集而来，然后靠经营这些庞大的用户去赚钱，因为未来最值钱的东西就是"消费大数据"。

可喜的是：未来越来越多的产品都是零利润或者是免费提供的，这就是马克思所说的按需分配。随着物质的丰富，我们一定能进入这个状态。

可悲的是：未来只有"平台型企业"和"头部企业"才能占有这些"消费大数据"，才能赚到大钱，而普通的商家赚钱将越来越难，因为"消费数据"都集中到了平台或头部企业手里，商家自己掌握的"消费数据"（自己的消费者、会员等）在平台面前是不值一提的。

平台和头部企业依靠掌握的消费大数据，可以精准地洞察每个人的行为轨迹、消费倾向、特征、需求等，牢牢占据商业和财富的制高点。未来财富将越来越多地向平台和头部企业手里集中。

供应链金融

那么,除了掌握"消费大数据"之外,还有其他赚钱方式吗?

有,那就是"供应链金融"。

什么是供应链金融?对于互联网企业来说,就是面向大众提供金融产品,让大家一边在平台上借贷,一边在平台上消费。

比如阿里巴巴、美团这种互联网巨头,早就在布局供应链金融了,它们既有面对大众消费者(C端)的金融产品,比如支付宝的花呗、借呗,美团的新功能"月付",也有面对商家(B端)的金融产品等,滴滴等软件也有自己的金融产品了,比如先充值再打车(给你一定优惠),这使大家的现金流被它们控制。

对于传统企业来说,就是把下游经销商的现金流把控住,实行押金和预缴,你如果周转不开我来帮你,可你要付利息给我。中国很多家电巨头都在做"供应链金融",这就导致本来利润微薄的下游商家们的纯利润更低了。

我们必须看到一个趋势:未来只有金融,甚至是供应链金融才能挣到钱。任何企业和个人都很难再靠某种产品本身赚钱,因为未来的生产也是全开放式的，你能生产出来某种产品，就会有人以更低的价格生产出来，然后卖得更便宜。未来必须纵向布局供应链，锁住你的群体，才能建立壁垒。

可叹的是，未来也只有平台企业和头部企业才能组建供应链金融，普通商家只能占到其中一两个环节，根本无法构建自己的供应链金融。

很多网红看上去有几百万个粉丝，其实赚不到多少钱。因为他们不掌握产品供应链，更无法布局供应链金融。

平台效应和头部效应

我们可以看到一个趋势：互联网越发达，财富越往大企业手里集中，这是历史的必然。

看看如今的情形吧：在各行各业，"平台效应"和"头部效应"越来越明显，只有排名前二的公司才能挣到钱，而且这两家公司的业务模式互相补充，这叫"数一数二，不三不四"。

在传统互联网时代（BAT时代），还可以有很多依附在上面的公司，比如天猫上有很多营业额过亿元的店铺，微信、微博上有很多大V等。

但如今互联网已经步入"算法时代"。在算法时代，只有平台才能挣到钱，那些所谓的网红、商家，其实都被平台牢牢卡住脖子，主动权很小。

举个例子：有几个大平台，上面都有很多商家（个体户），这些商家如果生意太好，平台就会变着法子提高佣金；当他们发现商家生意太惨淡了，就会变着法子给你补贴，让你继续生存下去。永远只给你留个一息尚存的机会，但无法大富大贵。

因此在"平台+个体"的算法时代,个体永远只能赚到辛苦钱,只有极少数个体能成为行业标杆,但是他们是平台打造的标杆,是偶然而不是必然,不具备可复制性。

算法越完善,头部效应将越明显,马太效应越来越加剧,未来只有平台企业和头部企业才能赚到大钱。

未来想要好好生存,必须修改成功的定义

大家先要对下面这个逻辑有所认知:

在互联网时代,数据将成为最贵重的资产。数据的背后是算法,算法的背后就是权力。未来拥有大数据的人将拥有绝对的权力,平台将掌握商家、个体所有的数据,可以清晰地窥见每个人的消费倾向,从而将自己的利益最大化。

未来只有在某个领域遥遥领先才能赚到钱,他们将赚尽整个行业的钱。社会的科技水平越高,贫富差距就会越大。因为科技水平越高,社会的流通性就会越好,此时财富会加剧流向更有钱的地方。

随着社会的发展,创业成功的概率会越来越低。

也就是说:未来大部分人无论怎么努力,只能赚到辛苦钱。这是互联网发展的必然,也是人类发展的必然。

德鲁克有个观点:未来要想让人类继续好好生存,成功的定义必须得到修改。

的确是这样,如果我们还是以赚多少钱来定义成功,那么很

多人都将找不到人生的意义,从而引发集体忧郁和焦虑。

然而,我们也要看到社会更加美好的一面:随着平台企业的不断崛起,它们必将成为国家维护社会秩序的一种工具。

怎么维护社会秩序呢?因为平台实行的是"算法推荐"的机制。算法的本质就是让每个人都有机会展示自己的才华。这就是各尽其才,各归其位。算法会在无形中平衡每个人的收入,而不会把资源都集中到某几个人身上。

虽然今后绝大部分人只能赚到辛苦钱,但是机会依然存在,并且是均等的,社会将越来越公平。

人与人之间的特征差异会越来越大,因为未来每个人身上的标签将更加清晰。未来人与人最大的区别不再是财富的区别,而是价值标签的区别,比如唱歌、跳舞、写作、表演、科研、律师、医生等。这就是个体崛起,也是下一轮经济大繁荣的根本驱动力。

按照这个趋势发展下去,未来的社会一定会越来越细分,因而每个人都要学会不断挖掘自己的价值。

○○○● 商业逻辑

情绪安慰

这个时代大众需要的并不是各种商品，而是情绪安慰。

信息茧房和精准推送让我们看不清真实的世界，于是商家很容易刺激到消费者的味蕾，从而获取巨大收益。

诺贝尔经济学奖获得者罗伯特·希勒在《非理性繁荣》一书中这样说：最容易驱动市场的往往是"情绪"，而非价值。因为大众是非理性的，制造情绪在大众中相互传染，会使市场迅速走向繁荣。

因此，所有的商家和平台都在利用人性的弱点赚钱，我们越寂寞，他们越刺激我们的情绪去消费。短视频和直播的诞生，更是加大了对消费者情绪的刺激。主播声情并茂的表演，让大众彻底处于情绪化消费的状态。

在残酷的现实面前我们选择了"苟且偷生"，全身心投入娱乐和消费主义的怀抱中，在"买买买"中自欺欺人或忘乎所以，在娱乐、傻乐中纸醉金迷、享乐沉溺。

只要能抓住消费者在人性上的弱点，赚钱将越来越容易。

互联网娱乐产业将越来越发达

人们正在抛弃一切深刻的东西,包括文学、哲学、思想等,因为这些东西太沉重了。生活本来已经很苦,人们不想一直苦大仇深地生活下去,于是就不断地寻找可以麻醉自己的东西。

以直播、短视频、游戏为代表的互联网娱乐产业将越来越发达,因为这些东西可以让人快乐,哪怕是短暂的,但是由于内容在不停更新,刺激在不断增加,许多人都沉迷其中。

赚钱的六种境界

第一种是赚信息的钱：我知道了，你们还不知道。

第二种是赚认知的钱：我懂了，你们还不懂。

第三种是赚执行力的钱：你们都懂了，但是我行动比你们快。

第四种是赚资源的钱：你们都行动了，但是只有我有资源。

第五种是赚核心竞争力的钱：你们什么都有，但是核心东西在我这里。

第六种是赚名声的钱：我只要一亮相，什么都是我的。

你要么做第一，要么做唯一

互联网时代，就是"数一数二"，"不三不四"。

如果一件事你没有决心超过这个领域99%的人，就不要去做。

直到你能找到这件事为止。

未来的世界,永远不会有安逸的生活

我们每个人都像在大海上航行的小船,现在的海面波涛汹涌,浪头不断来袭,选择安逸生活的人,一定会被巨浪掀翻。

看一下这个社会吧,没有一种商业模式是长存的;没有一种竞争力是永恒的;没有一种资产是稳固的。

无论你是一个多么牛的人,总有一种革新针对你。比如机器人要取代蓝领,人工智能要取代白领。

所以,我们必须随时做好各种准备和防范,静观其变。

奋斗,才是中国人一生恒定不变的主题。

谁要是停下来享受生活,谁就会被赶超。所以,无论你有多少成就、多高的地位,你都不能选择安逸,你必须时刻准备战斗。

变得更专注

这已经不是那个靠使劲忽悠就可以搞定客户的时代了。

这已经不是那个靠大胆承诺就可以搞定对象的时代了。

这已经不是那个靠自吹自擂就可以吃遍天下的时代了。

这是一个极简、极真、高效的时代,它需要你在最短时间内拿出你的真功夫,直达事物的本质。

这个时代,人的心智变得越来越成熟,大家都早已见惯各种伎俩,面对五花八门的套路,变得越来越理性,越来越淡定。

一切都在变:

你的消费者变得更有品位了。

你的客户变得更加谨慎了。

你的恋人变得更务实了。

你的朋友变得更简单了。

于是,我们只有一个出路,那就是:变得更专注。

聪明的人只适合聊天，靠谱的人才适合一起做事

过去，我们高度评价一个人，会说他很善良、聪明或者能力很强。而现在，我们对一个人的高度评价是这个词——"靠谱"。

之前的社会，有一种人很受欢迎，这种人能说会道、八面玲珑，很会做人、能搞定人，所以很容易得人心。

而如今，这些很会耍各种套路的人，越来越寸步难行了，因为我们见了太多喜欢玩"虚"的人了，都已经有免疫力了。

有一种人，你跟他聊天的时候，他会让你很舒服，因为他很会揣摩你的想法和意图，然后无限附和你，而且轻下诺言，让你感到很开心。

不好意思，这样的人往往只适合聊天。这种人，往往让你一见如故，再见平淡，三见就索然无味了。

世界上最牛的两种商业模式

第一种是把一个东西做到极致,客户等着买。比如茅台酒、苹果手机。

第二种是卖各种东西给所有的人。比如淘宝、拼多多。

第一种是传统思维,第二种是互联网思维。

其他类型,基本都在这两者之间徘徊。

从现在开始,所有的品牌立意都需要重来

做高端品牌,要带点上帝般的伤感,悲天悯人,隐约透露一丝悲凉。

做中端品牌,要帮助中产阶级跟世界和解,努力透露一丝淡定。

做低端品牌,要帮底层人体现欢快感,竭力展现他们朝气蓬勃的生活。

做年轻潮牌,要体现年轻人的叛逆,展现恨不得随时掀桌子走人的愤怒。

未来最好的投资是自我投资

个人的发展有一个规律：

短线拼机遇，中线拼能力，长线拼热情。

在之前，一个人的兴趣和赚钱往往是分开的，而当社会高度繁荣之后，每个人必须依靠个人兴趣赚钱，要变外求为内求。

未来每个人最重要的事情，是如何找到自己、认识自己，并成为最好的自己。未来最好的投资是自我投资，是对自我的深度发掘，并且能够更加精准地定位。

越能做到这一步的人，越不需要依附某个公司，他们可以利用互联网获得巨大影响力和资源而迅速崛起，成为"超级个体"。

人的财富就像投资品价值一样，是存在均值回归的。那个均值，就是你的冲动，是你的热爱，是你的理想。

未来是自由度越来越高的时代，当社会框架越来越少时，我们每个人都会越来越接近我们最想成为的模样。

决定我们每个人最终归宿的，一定是我们的能力和欲望综合而成的那个自己。

未来社会，最值钱的东西是个人IP

未来社会，最值钱的是你的资源吗？

不是！

是你的能力吗？

也不是！

是你的"信用值"和"影响力"！

当商业高度繁荣之后，所有的资源都是公开透明的，所有的渠道也都是共享的，不存在你独自占有的资源。

同时，未来是大数据的时代，数据的运算能力发挥的作用将远远大于个人能力，很多事都是靠数据决策，而不是靠个人能力决策的。

当社会到了这一步，人与人最大的区别就是"信用值"和"影响力"的区别。

什么是影响力？你说话时是100个人在听，是1000个人在听，还是10000个人在听。

什么是信用值？你说的话是100个人相信，还是1000个人相信,还是 10000 个人相信。

这才是未来人与人的根本区别。

就像无论是 100 元、50 元,还是 10 元的钞票,其印刷成本都是几分钱,但导致它们价值区别的,只取决于发行央行赋予的信用值,尽管它只是一个数字。

请问,你的"信用值"是多少,是靠什么背书的,有多少人承认?

过去,我们穿的衣服、开的车子、住的房子……都是用来证明自己"信用值"的,这就是之前大家都喜欢用奢侈品、开豪车、住豪宅的原因。

未来,我们的标签、我们的圈子、我们的粉丝量、我们的信用值,才是我们最具价值的东西,这些可以统称为个人 IP。

商业的两种价值观

第一种,利用信息不对称,趁客户还看不懂真相和价值的时候,把他们绕得云里雾里,然后抢占他的心智,操控他们的行为。

第二种,努力让信息对称,反复教育客户,让他们看懂真相和背后的价值,然后他就一定会选择你,跟随你。

第一种需要强大的包装能力,强大的销售能力,然后防止客户的认知升级,要让他们保持一种"巨婴"的状态。

第二种是打铁还需自身硬,首先得把自己的产品和服务做到极致,然后还要有足够的时间陪客户成长。

第一种是捞一把就走、短平快的发财。

第二种是细水长流,是长期主义,是延迟满足。

七大法则

　　宇宙本身就像一个程序，它有自己的运行秩序，生生不息、井然有序。

"道"

宇宙本身就像一个程序，它有自己的运行秩序，生生不息、井然有序。人类社会也需要按照这个规律发展，这个规律也可以称为人类社会的"道"。

世间所有的成功，都是因为遵守了这个"道"，世间所有的失败，都是因为违反了这个"道"。

我们为什么要去学习各种常识，包括历史、地理、数学、物理、化学等，就是为了能够从这些常识中去寻找事物之间普遍的联系，越能搞懂这些逻辑，就越接近这个"道"。

越熟悉这个"道"的人，越容易成功。人一旦"得道"，顺应规律办事，踩准每一个变化节点，就可以顺风顺水。

序位法则

老子说:"人法地,地法天,天法道,道法自然。"

孟子说:"父子有亲,君臣有义,夫妇有别,长幼有序,朋友有信。"

这些都是在告诉我们万物皆有序列。

每个人都是各就其位,各按其时的。每个人最终都会回归到自己的位置,这也可以看成是价值回归原理。

无论是世界还是国家,还是家庭或者公司,每个人都必须找准自己的位置,这就是"长幼有序""万物有归"。不管我们是否有意,当一个人违反了序位法则时,就会产生很多问题和矛盾,直到我们回归序位为止。

比如,在中国经济的上半场,大家都在野蛮生长,胆子大的淘汰胆小的,每个人都只顾埋头赚钱,不管定位,也不需要定位,只要蛮干就能赚到钱。然而最近这两年,经济势头开始回落了,钱没那么好赚了,但是人反而回归了。这其实是好事,因为涨潮的时候,每个人都不顾自己的初心和定位,一旦潮落,大家都需要低下头来找自己的位置。

中国经济正在开启下半场,下半场其实就是"众人归位"的过程,每个人都必须找回自己的位置,一旦重新调整好布局,中国经济必将迎来新的飞跃和增长。

房子、股票、虚拟货币、估值、市值等,都会经历这个过程。很多财富都不过是一场黄粱美梦,一旦到了价值重塑期,一切资产都会价值回归。

世间万物一定会朝着价值最优的序列去排列组合。其实人生就是一场不断彻底认清自我的过程,无论你经历了多高的巅峰,最后总会回归最真实的自己。

平衡法则

平衡是宇宙最重要的规律之一，世界始终以它微妙又独特的方式维持着自己的平衡。

比如"喝牛奶"定律：一个天天喝牛奶的人，无论喝的奶有多好，他的身体永远都比不过天天给他送牛奶的工人。同样的道理：一个天天送牛奶的人，无论多么卖力地干活，他的收入永远都比不过天天在家里喝奶的客户，这就是神奇的平衡法则。

再比如"苦难守恒定律"：苦难是人生的基本特征，每一个人一辈子吃苦的总量是恒定的，它既不会凭空消失，也不会无故产生，它只会从一个阶段转移到另一个阶段，或者从一种形式转化成另外一种形式。所以，你越是选择现在逃避它，越不得不在未来牺牲更大的代价对付它。

平衡法则的另一个表现就是：当某一个方面不足的时候，必然会在与之相对应的方面出现多余。

比如"识不足则多虑"，当一个人见识不足的时候，就会过度担心很多事情，诚惶诚恐，没有安全感。就好像杨绛的那句话：

你的问题在于想得太多，而书读得太少。所以人们的焦虑往往是自己见识的浅薄造成的。

再比如"智不足则多疑"，当一个人认知不足的时候，就会对很多没见过的东西半信半疑，总是在怀疑一切，徘徊不前，从而错过很多重大的机会和人。

还有"度不足则多怨"，当一个人的度量、格局不够的时候，看到的都是不公平，比如20楼看到风景，3楼看到的是垃圾，时间一长会导致自己内心偏激，充满愤恨和不满，整天抱怨和哀叹。

还有"爱不足则多情"，当一个人内心缺乏关爱和理解的时候，往往就需要在另一个地方寻求补偿，企图找到另一个人的爱承载自己的寄托。这不叫爱，这叫心理补偿，也是很多悲剧的根源。

世界就是一个天平，你每拥有一件东西，就要为你的拥有而付出代价。相应地，你每失去一件东西，也会因你的失去而收获另一件。

匹配法则

每个人只能得到和他的能力相匹配的东西，一旦拥有的东西超过了自己的能力、贡献，就会给自己留下祸患。

比如，一个人的地位不能大于贡献，一旦你的地位很高，但贡献无法与之相匹配的时候，必然引起周围人的不服、妒忌，甚至被算计。

一个人的职位不能大于能力，一旦你的职位过高，而能力还不够的时候，意味着你在行使能力之外的权力，必然给自己的坍塌埋下伏笔。

《周易·系辞下》里有几句话：德不配位，必有灾殃。德薄而位尊，智小而谋大，力小而任重，鲜不及矣。

一个人永远只能享受和他的能力相匹配的东西。

整体法则

任何一样东西都既是世界的缩影，又是世界的全部。

比如我们可以透过个体窥见整体，例如中医耳穴针灸就是通过耳朵或手掌来诊断与治疗全身。

比如太阳系里金星、木星、水星、火星、土星的运转和人体内五脏六腑的协作本质上都是一样的；人的脊椎有24节，一年有24个节气。

我们从一滴水看到整片大海，就是整体法则的极致。世界上没有一件事物是独立的，世界就像一个大房间，有无数的门，从任何一扇门都能进入这个房间，我们也可以称之为法门。

比如《易经》有"象数义理"四大法门，这四个法门就是研究易经的四个途径。图像、数字、道义、理论等，都是我们探究世界真相的途径。

任何一个角度、途径、切入点，都是通向世界奥秘的钥匙。我们只需要选择适合自己，能发挥自己所长的那条路即可。

80/20 法则

事物 80% 的问题是由 20% 的主要矛盾带来的，而这 20% 的主要矛盾中也有一个核心。如何抓住矛盾的主要方面，那就是用 20% 再乘以 20%，即 4%。

这 4% 就是事物的牛鼻子！牵住牛鼻子，一切迎刃而解。

高手跟普通人的区别，就是能不能找到这个 4%。他们的高明之处就在于善于集中自己 80% 的精力，去应对这 4% 的核心！

做好一件最核心的事，其他事就可以顺水推舟。完成这件事就像推倒第一块多米诺骨牌，我们要不断地给自己制造出多米诺骨牌效应。

大多数人的失败，是因为他们自始至终没有找到这个应该聚焦的点。为什么偏执狂更容易成功？因为他们总把注意力聚焦在一个目标上。

一定要找到属于你的 4%。

你的时间很有限，很值钱，你只能将时间分配给最重要的人、最重要的事。集中一切优势兵力和炮火，朝最核心要点开炮。

重复法则

历史总是惊人地相似，世界也在不断重复。

如果把古代和今天的很多事进行对比，就会发现一个规律：历史从未过去，历史永远都在不断地轮回。如果读懂了历史，也就读懂了未来。

太阳底下没有新鲜事。现在正在发生的、将来还会发生的事情，在过去都已经发生过。

我们所遇到的问题，哪怕再令人匪夷所思，前人都遇见过。那么，从历史中学习那些真正厉害的人所遇到的事，所做出的选择，会对我们有更多的启示。

比如各种庞氏骗局，在人间已经流行几百年，无数前人已经上当，但庞氏骗局还是被后人不断地翻新和包装，而且人们每次依旧还是会上当。人类口口声声要吸取教训，其实人类从来不会吸取历史的教训。

人类为何不停地在重蹈覆辙？因为人性从未改变。

对冲法则

人类社会每产生一个不公平的现象,都会对应地产生另外一种反抗的形式,两者互相对冲,以保证结果的公正。

几个老同志这样语重心长地对90后说:"别玩那些区块链啊、比特币什么虚拟的玩意,人生应该做点实事,比如踏踏实实地上班,然后买个房子、娶个媳妇多好。"

一个90后这样回答说:"你们这些老同志就知道忽悠我们,这些年你们经过不懈的努力,终于把几千元成本的钢筋水泥,搞成了10万元一平方米的房子;如果我们不再另谋出路,把一堆堆数字和字母搞到10万元一串卖给你们,我怎么买得起你们的房子,怎么对得起这个时代?"

看懂了吗?两代人的荒唐就这样对冲了。其实每一代人都有自己的机会,每一代人也都有自己的无奈,但是荒唐永远都是和合理并存的。

当一件产品的价格设置不够合理、严重偏离了其使用价值,它也是一种"假货",比如昂贵的奢侈品。

再比如淘宝和拼多多的出现，让山寨产品横行，价格战越来越激烈，但这也是和奢侈品的一种对冲。

奢侈品为了能够躺着赚钱，利用人性的虚荣，再加上文化植入、稀缺性等，一直把价格设置得很高，是一本万利的生意。

奢侈品的存在是合理的，因为很多人愿意为这种高价买单，它们满足了人们虚荣的需求。但廉价产品的存在也是合理的，因为它们以更低的价格做出类似的产品，也满足了底层人们消费的需求。

奢侈品可以把100元成本的东西卖到10000元，为什么就不能有人把10元钱成本的东西，卖到11元？

一切局部的恶，都是为了整体的善。一切局部的不和谐，都是为了整体的和谐。凡存在就合理。

一切财富和变化都是外物，你在过程中形成的格局和心境，才是自己的。

未来的七大生存法则

一是与其拥有更多物质，不如拥有更多时间。

很多人虽然日进斗金，但是被各种事务缠身，时间都消耗在应酬、会议、拜访客户上。在这种状态下，赚再多的钱也不会有幸福感。

二是与其依赖公司，不如依赖个人实力和影响力。

一个人只有实现了独立自主，才有海阔凭鱼跃、天高任鸟飞的感觉。

三是与其提高薪水，不如打造个人品牌。

未来是个体崛起的时代，早一天树立个人品牌就能早一天实现自由。

四是与其赚更多的钱，不如让自己更值钱。

赚钱会越来越辛苦，值钱则可以让自己越来越轻松。

五是与其一味推销，不如提供帮助。

一味推销只能让你离不开别人，提供帮助则会让别人离不开你。

角度一换，峰回路转。

六是与其服务更多的人，不如服务更优秀、更少的人。

与其提供更多的产品，不如提供更优质的服务。

七是比数量的时代过去了，未来比拼的是质量，是纵深化发展。

宁可把时间和重金砸在一件事上，也不要花在很多无谓的事上！

守住初心、远眺理想是一个人立于不败之地的根本

神通敌不过业力,业力大不过愿力。

神通就是我们的方法、技巧、工具,包括各种套路、捷径。

业力就是我们曾经创造的价值、帮过的人,积下的恩怨。

愿力就是我们内心深处的向往、原动力、初心和理想。

一个人的能力再大、智商再高,都抵不过他做过的事带来的影响。

同样的逻辑:

一个人的过往再牛、功劳再高,都抵不过他的正心、正念带来的影响。

图书在版编目（CIP）数据

人间清醒：底层逻辑和顶层认知 / 水木然著. —杭州：浙江人民出版社，2022.6（2024.9重印）
ISBN 978-7-213-10536-4

Ⅰ.①人… Ⅱ.①水… Ⅲ.①人生哲学-通俗读物 Ⅳ.①B821-49

中国版本图书馆CIP数据核字（2022）第043691号

人间清醒：底层逻辑和顶层认知

RENJIAN QINGXING: DICENG LUOJI HE DINGCENG RENZHI

水木然 著

出版发行：浙江人民出版社（杭州市环城北路177号 邮编 310006）
　　　　　市场部电话：(0571)85061682 85176516
责任编辑：陈　源
营销编辑：陈雯怡　张紫懿　陈芊如
责任校对：陈　春
责任印务：幸天骄
封面设计：厉　琳
电脑制版：杭州兴邦电子印务有限公司
印　　刷：浙江新华印刷技术有限公司
开　　本：880毫米×1230毫米　1/32　　印　张：9.75
字　　数：182千字
版　　次：2022年6月第1版　　　印　次：2024年9月第16次印刷
书　　号：ISBN 978-7-213-10536-4
定　　价：58.00元

如发现印装质量问题，影响阅读，请与市场部联系调换。